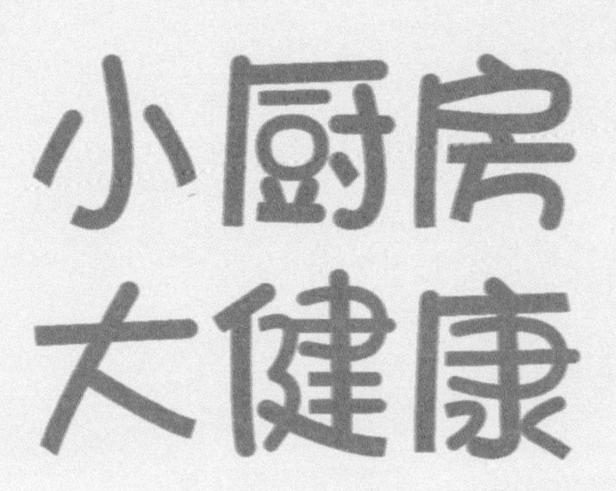

小厨房 大健康

主编 张意

中山大學出版社
SUN YAT-SEN UNIVERSITY PRESS

·广州·

图书在版编目(CIP)数据

小厨房大健康 / 张意主编．—广州：中山大学出版社，2018.10
ISBN 978-7-306-06398-4

Ⅰ. ①小…　Ⅱ. ①张…　Ⅲ. ①小厨房—基本知识　Ⅳ. ① TS972.26

中国版本图书馆 CIP 数据核字 (2018) 第 163351 号

XIAOCHUFANG DAJIANKANG

出 版 人：王天琪
责任编辑：邓子华
特邀编辑：李连欢
封面设计：陈　婷
装帧设计：陈　婷
责任校对：谢贞静
出版发行：中山大学出版社
电　　话：编辑部 020－84110283，84111996，84111997，84113349
　　　　　发行部 020－84111998，84111981，84111160
地　　址：广州市新港西路 135 号
邮　　编：510275　　传真：020－84036565
网　　址：http://www.zsup.com.cn　　E-mail: zdcbs@mail.sysu.edu.cn
印 刷 者：广州家联印刷有限公司
规　　格：787mm×1092mm　1/16　11.5 印张　165 千字
版次印次：2018 年 10 月第 1 版　2018 年 10 月第 1 次印刷
定　　价：38.00 元

前言 · Preface

小小厨房，家的味道。餐桌上色香味俱全，就是这个数平方米空间存在的意义。

当我以“袖手旁观”的姿态走进厨房，看着那些平日并不那么留心的角落，以及那个为一日三餐而忙碌的身影，不禁要问：这个空间是否舒适安全？烹饪技巧是否得心应手？面对随时可能发生的伤害能否平安化解？

而此时在厨房里忙碌的人，心里惦记的是厨房外饥肠辘辘的家人：食材是否新鲜安全？配料是否齐全？火候是否恰到好处？味道是否咸淡合适？

这，不是大家都关心的问题吗？

为此，作为从事健康科普多年的媒体人，我把这些问题以我所擅长的方式来作答。

我们都是家庭的一员，如我，是丈夫、父亲、儿子、女婿，同时也是每天在餐桌上大快朵颐的食客……每一个角色，都是爱的代名词，所以，在这本书中，除了介绍食材小常识，配以图文说明，还有“煮妇聊天室”、喜怒哀乐的小漫画等生动的表达形式，体现了家庭的温馨。

厨房虽小，但装下一个家的酸甜苦辣。

让下厨变得轻松安全，让家的味道更令人回味，就是这本书的意义。

张意

2018 年 9 月

自测 · Self Testing

Q1：家里常用的木筷子，多久应更换？

A.3~6个月

B.0.5~1年

C.1~2年

D.2年以上或无须刻意定期换新

Q2：炒菜时，放油后何时下菜合适？

A.大量冒烟

B.闻到浓烈的油香

C.无所谓

D.刚开始冒烟，或放葱蒜下去四周就冒泡

Q3：家常食盐，选什么盐最好？

A.低钠盐

B.加铁盐

C.加碘盐

D.玫瑰盐

Q4：买土豆，怎么挑？

A.发芽的

B.有深孔的

C.脆硬无弹性的

D.搓搓容易掉皮的

Q5：以下哪种物品不宜放冰箱？

A.鸡蛋

B.切开的洋葱

C.鱼肉

D.鲜肉

Q6：大蒜缓解晕车，具体该怎么用？

A.煮水喝

B.生吃

C.切片并用创可贴贴肚脐上

D.捣碎用布袋装好，晕车时闻一闻

Q7：小烫伤该怎么办？

A.用凉水冲

B.搽酱油

C.抹牙膏

D.抹药

Q8：油锅突然冒火，哪种应对方式是错的？

A.泼水

B.盖上锅盖

C.关燃气

D.投放生鲜蔬菜

答案：1.A；2.D；3.C；4.D；5.B；6.C；7.A；8.A

目录 · Contents

Part 1

厨房百科
——欲善其事，先利其器

Part 2

健康“煮”意
——烹饪小细节，出品大进步

Part 3

五味杂陈
——巧用调料，调出健康的味道

Part 4

选对食材
——看“颜值”，也看内涵

Part 5

必备冰箱 ——储物保鲜，有所讲究

Part 6

厨房有药
——小小佐料，大有奥妙

Part 7

安全下厨
——厨房有爱，远离伤害

厨房百科

——欲善其事，先利其器

厨房空气，关乎健康

女性肺癌发病率不低。

“我又不抽烟，怎么会患病呢？”很多女性患者都有这个疑问。

答案是：厨房油烟污染太大。

有数据表明，除去家用抽油烟机能吸掉的油烟，其余油烟散发的有毒油烟量约为 1 根香烟的 1000 倍。在这种环境中，人每天吸收的有毒油烟，比在 1 小时内抽 2 包烟还多。

近年来的循证医学数据表明，油烟增加了中国不吸烟妇女患肺癌的风险，且厨房通风不良者的患癌概率明显增高。

● 厨房不通风，易致癌

在家庭装修时，厨房是最应该花钱的地方。

厨房污染，首先是由于橱柜材质不环保，容易释放甲醛等有毒气体。同时，由于橱柜设计不合理，油烟等有害物不能很好地排放出去，使厨房空气比较污浊。

不通风的环境加上不健康的烹调习惯，就容易使得长年累月“献身”厨房的“煮妇”成为肺癌的高危人群。

● 油温越高，毒害越大

厨房内的有害气体，包括使用煤、煤气、液化气、天然气等时释放出的一氧化碳、二氧化硫、二氧化碳、氮氧化物等。

另外，厨房油烟的毒害与炒菜时油的温度有直接的关系。

有研究表明，当食用油加热到150摄氏度时，其中的甘油就会生成油烟的主要成分丙烯醛。丙烯醛具有强烈的辛辣味，对鼻、眼、咽喉黏膜有较强的刺激。

厨房油烟中还含有一种被称为苯并芘的致癌物，长期吸入可诱发肺组织癌变。

● 抽油烟机+排风扇，双重排烟

家庭排油烟多依赖抽油烟机。但目前，抽油烟机的效能范围仅在油烟机下方45厘米。

减少油烟在厨房中的停留时间，最好选择性能、效果较好的抽油烟机。

烹调时，别等油烟大量产生才开抽油烟机，那已经晚了。

炒菜开火的同时，就应开抽油烟机。燃气燃烧时本身就会产生多种废气，应该及时抽走。等炒菜完成后，继续开5分钟再关上。

此外，还可多装一个排风扇。而且，灶台最好能对着窗台，这样有利于油烟的排放。

砧板要重，菜刀要轻

精通厨艺的“煮”妇，家里必然有一个怎么斩东西都不会开裂的上乘砧板，还有一把锋利好使的刀。

判断砧板好不好，长者教导说，掂掂重量就知道。一般来说，砧板越重，说明其木质越密实，用起来就越不容易开裂。那么，菜刀好不好又该怎样判断？

武侠小说作家金庸笔下的屠龙刀、倚天剑应该算是宝刀利剑的代表，它们都有削铁如泥的本领。不过，贵重的刀剑本身就很重，估计一般人都拎不起。

所以，对普通人来说，厨房里的菜刀是不需要“重量级”的。菜刀越重，持刀一侧的手腕所要用的力量就越大，这对经常做饭切菜的主妇们来说，是一种过重的负荷。

家庭主妇在处理家务时，手腕经常要屈曲，因此，她们中不少人患有腕管综合征，表现为手腕疼痛、手部麻痹，以及大拇指、食指和中指无力。

如果家里的菜刀比较轻，主妇们在切菜过程中就会轻松许多，手腕部肌腱所受的折磨会小很多，这对保护她们的腕关节很有帮助。

当然，一把轻飘飘的菜刀，可能无法胜任斩骨劈肉的任务。因此，家里备有两把刀是比较适宜的：一把是常用的、轻且锋利的菜刀，专用于切肉切菜；一把则是“重量级”的斩骨刀。

要知道，偶尔用“重量级”的刀斩斩“硬骨头”，就算是把虎口震麻痹了，良好的休息之后也不会伤害手腕。但是，一日三餐都提着把很重的刀切胡萝卜等“小儿科”的东西，久而久之，手腕可能会变得“不听话”，甚至“罢工”。

姥姥！我们来啦！
哎呀，宝贝外孙女！
妈！

妈，上回看你切菜费力，给你买了新菜刀！
叫你爸磨一磨不就好了，费什么钱。
刀

那可不一样。我给你买的这两把一轻一重，特别好用！
什么？还买两把?！钱太多是吗?！
生气！
刀

这你就不懂了吧！一把又轻且锋利，用来切肉切菜不费力；另一把则是“重量级”的，用来斩骨头。
我原来这一把能切菜也能剁骨头！

你那把偏重了，用多了伤手腕呢，用我买的就不会！
唔……
若有所思……
刀

新菜刀还不赖，给妞妞斩鸡腿一刀过，不会像以前那样有碎骨。
啧！换刀是为了这个吗?！
好吃！
唉！
晚上……

消毒碗柜，选“复合型”

远红外线、紫外线、臭氧……商场里热卖的各种类型的消毒碗柜，它们在消毒效果、消毒适用对象上有何不同？

● 远红外线消毒碗柜

远红外线消毒法属于热力消毒法，具有穿透力强、加热速度较快、消毒效果好等特点，且消毒后餐具干燥，有助于保洁，是多种灭菌方法中效果最好的。操作时应注意消毒温度要高于120摄氏度，消毒时间要长于15分钟，堆放餐具不宜过于密集，餐具要清洗干净，否则残留的食物残渣遇高温后碳化会影响消毒效果。还要提醒的是，塑料餐具遇高温容易老化，玻璃餐具受热不均容易爆裂，表面有釉质、颜料的餐具遇高温容易释放铅、镉等重金属物质。因此，上述餐具不宜采用此法进行消毒。

● 紫外线消毒碗柜

紫外线消毒碗柜是目前市场上比较常见的消毒产品，价钱也比较便宜。其杀菌原理是利用紫外线破坏各种病毒、细菌以及其他致病体的脱氧核糖核酸（DNA）结构，从而达到消毒的目的；同时，紫外线可使空气中的氧电离产生臭氧，加强杀菌效果。但这种方法存在消毒死角，没有照射到的地方不能消毒，因此，消毒时餐具堆放不宜过于密集；消毒时间需30分钟以上，并且要时常注意保持灯管表面的清洁，才能保证消毒效果。使用时，要注意是否有紫外线泄漏，一般在消毒后 20 分钟才能打开柜门取餐具。

● 臭氧消毒碗柜

臭氧消毒碗柜一般是利用高压放电的原理产生臭氧，破坏病毒和细菌的结构，从而达到消毒的目的。其优点是气体扩散均匀，通透性好，克服了紫外线杀菌存在的消毒死角问题，且广谱杀菌，没有消毒剂残留。不过臭氧作用缓慢，一般需要 60~120 分钟才能达到消毒目的，且臭氧会刺激人的呼吸道，造成不适。因此，在臭氧消毒碗柜工作期间，一定不能开柜门，以免发生臭氧泄漏。最好等 20 分钟后，柜内臭氧消散后再开启柜门。

由此可见，普通家庭的餐具消毒最好选择具有复合功能的消毒碗柜，一般上面一层属臭氧消毒，用于不耐高温餐具的消毒；下面一层是远红外线高温消毒，用于耐高温餐具的消毒。购买时，还要注意消毒碗柜的柜门是否密封，消毒碗柜内篮是否为不锈钢，承重能力如何等因素。当然，也可以选择臭氧加紫外线的消毒碗柜。

最后，我们还要注意餐具消毒后的保洁。餐具长时间暴露在外会造成二次污染，若不注意保洁，前面的工作也就白费了。消毒后的餐具最好留在消毒碗柜中，等使用时才取出。餐具最好每周至少消毒 2 次。

微波炉的使用和清洁有讲究

这些错误你别犯

× 将食物直接放在转盘上加热

× 给密封包装的食物加热

例如，锁紧的保鲜盒、盒装牛奶、带包装的食物。

× 让微波炉空转

如果没有待加热物吸收微波，磁电管（让微波炉工作的部件）就会自己吸收，最后受损，甚至引起爆炸。而且微波炉在空转的情况下，辐射值大大增强。

× 近距离盯着食物加热

开启后，人应远离微波炉或至少在 1 米以外，不要靠近观察微波炉内的情况。

× 将微波炉置于卧室

微波炉要安放在平整、通风的台面或搁架上，周围要留出足够的空间，前、后、左、右最好各留空 10 厘米左右。离电视机、收音机、音响设备要有 2~3 米的距离。不要离水源或水池太近。不要置于卧室。

× 用物品覆盖在微波炉上的散热窗栅

这样会妨碍微波炉散热。

× 起火后立即开门灭火

如果立即打开门，遇空气火势会加大。正确的做法是，按停止键，再关闭电源，待火熄灭后再开门降温。

● 清洗要按部就班

●断开电源，用拧干的湿布拭擦外部，尤其是散热孔处，以免其被堵塞影响微波炉的正常运转。

●在一碗清水中滴入几滴清洁剂，拌匀，放进微波炉加热 2 分钟。清洁剂随水分蒸发，附在微波炉内壁，这样更容易清除油污。2 分钟后，用湿抹布拭擦内壁并擦干。注意，不要直接用水冲洗，以免损坏电路。

●转盘可以拿出来，在滴加清洁剂的热水里浸泡后再洗刷，擦干。

●清理门缝，可以用软刷蘸清洁剂擦。不要用小刀刮拭。

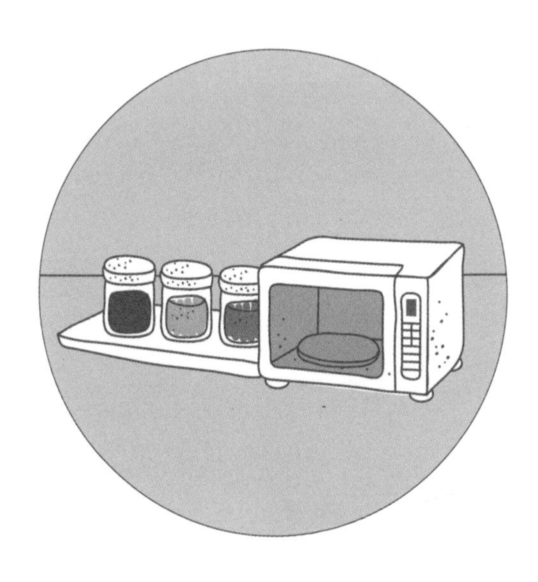

煮妇聊天室

话题：厨房墙壁油腻腻的，怎么清洁？

宝妈

求救！我用钢丝球、清洁海绵，多大力都清不掉啊！

LILY

我用钢丝球和洗洁精，刮得瓷砖都快花了……

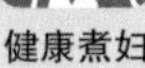

健康煮妇

先用小铲刀，或者塑胶卡，尽可能地刮下油污。然后再用我的独家秘方。

宝妈

什么秘方？

健康煮妇

用开水＋白醋＋清洁剂的混合液来清油垢。

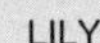

LILY

要按一定比例混合吗？

健康煮妇

不用，但必须是开水。抹布浸湿后，拧成半干，涂在油污的瓷砖上，要等一小会儿，然后再擦，就容易多了！

LILY

耶！厨房瓷砖有救了！我马上试试！

选电磁炉锅，关注底部直径

电磁炉由于无明火、使用方便，现已成为越来越多家庭的主要炊具。于是，与之密切相关的一些观点受到人们的关注，“辐射说”为较多人所关注。如何避免辐射乍看是种技术活，其实只要在选购锅具时注意一个细节，就能大为缓解——注意锅底口径。

电磁炉能加热煮食的原理，是通过电磁感应，使锅具底部形成涡流发热。因此，能够用在电磁炉上的锅具，底部材质就必须是顺磁性材料（能够被普通磁铁吸引的金属材料为顺磁性金属，也就是能够用电磁炉加热的金属）。

除此之外，一般电磁炉的锅具，还要求锅具底部的直径要超过10厘米。一方面，防止生活中的金属小物件，如不锈钢汤勺、钥匙、手机等在使用时被误加热而损坏，造成危险；另一方面，从电磁炉的电磁感应原理来分析，使用底部直径越小的锅具，产生的空间辐射会越大，这些辐射也可能会对其他家电产品的正常使用造成一定影响。因此，在购买电磁炉锅时，不建议买底部直径过小的锅。

另外，辐射有很多种类型，如令人生畏的X线辐射属于电离辐射。它具有高能量，能使物质发生电离反应，长期接触会致畸、致癌。而电磁炉产生的电磁波辐射属于非电离辐射。这种辐射能量比较低，只要不超过相关标准，对人体的危害较小。即使是孕妇、哺乳期妈妈、儿童，如今也没有医学证据显示，这些人群使用微波炉后会出现畸胎、影响生长发育或导致伤害。不过，为了让各种损伤尽可能降低到“可以合理做到的最低水平”，建议孕妇、哺乳期妈妈、儿童尽量不使用电磁炉。

巧用烤箱，控厨房PM2.5

用电烤箱可以做蛋糕、烤牛排、烤鸡翅、烧菜等。电烤箱深受主妇的喜欢。但在烤箱操作中，把控好温度极其重要，否则也会产生致癌物。

明火烤肉，容易产生两类致癌物：一类叫作“杂环胺”，另一类叫作“多环芳烃”（苯并芘是其中“著名”的一种）。明火烧烤的红外线辐射容易将食物烤焦，形成杂环胺；燃烧木炭时，产生的烟——无论是袅袅炊烟还是滚滚浓烟，都含有苯并芘。油滴掉到火上产生的油烟也含有苯并芘。

无可否认，相对于明火烧烤，烤箱烘烤是利用食品四周的热空气加热食品，产生的致癌物会少很多，但不能完全避免产生致癌物，关键在于把控好温度。

● 温度别超过200摄氏度

食物的致癌物主要是高温加热产生的，明火烧烤不能控制温度，而烤箱是可以设定温度的。如果在家烤肉，烤箱的温度设置不要高于200摄氏度。注意控制不要让食物冒烟、烧焦。

用烤箱烤制食物时，可在食物表面盖一层锡纸，或是用锡纸把食物完全包裹起来。这样，可以有效防止表面烤焦，还不会影响烤制的效果。

我们平时煎、炒、油炸食物时，会有大量油烟，让厨房的PM2.5值增高。烤箱温度控制得好，不把食物烤焦，就可有效避免产生油烟，减少厨房中的PM2.5。

● 优势不及蒸和煮

较之油、煎、炸的做法，烤箱的菜可以让我们减少油脂的摄入。例如烤肉，不需放油，烤的过程中，肉本身的油脂还会烤出一些，也会去掉很多油分。但是烤箱做菜仍不如蒸煮健康。蒸和煮时，食物的温度不会超过 100 摄氏度，远低于生成有毒有害物质所需要的温度，所产生的 PM2.5 也最少。蒸煮菜还更能保留食物的营养。

当然，如果馋了，偶然尝个鲜也无妨。当你禁不住烤羊肉串、烤鸡翅的诱惑，不妨试试自己在家中动用电烤箱来一饱口福。

烤箱菜谱大多有精确的说明，如详细的烤制温度和时间，适合“菜鸟”下厨。烤制食物的时候，在烤盘上铺一层锡纸。烤完直接把锡纸扔掉，免去了刷锅洗盘，也非常适合工作繁忙的“懒人”。

筷子要定期更新

一般家庭用的筷子，材质多为金属类或木 / 竹类。金属筷虽然更耐用，可是容易“打滑”，于是有些人更愿意选择木 / 竹筷。

可你知道吗，这些筷子也是有保质期的，“超期服役”很可能成为威胁健康的“隐形杀手”，不管便宜昂贵，都是如此。

“超龄”和变质的筷子上面可能潜藏着各种各样的有害病菌，例如，可导致感染性腹泻、呕吐等消化系统疾病的金黄色葡萄球菌、大肠杆菌，甚至是公认可诱发肝癌的黄曲霉素。

普通的木 / 竹筷，建议 3~6 个月定期更换，金属筷使用时间可长一些。不过，筷子所处的环境如果较潮湿，即使使用不久，也可能发生质变，特别是竹制与木制品，稍不注意就会变得霉迹斑斑。

所以，建议每天使用筷子前要注意察看一下有无变色；表面是否附着非本色斑点，特别是霉斑；有无显得很潮湿或出现弯曲、变形；是否带有明显的酸味。如果有，务必果断摒弃之，以免病从口入。

妈！筷子都掉漆了！用多久了？还不换？
两三年吧，好好的干吗要换？
大年初二
1

筷子也是有保质期的，“超期服役”很可能成为威胁健康的“隐形杀手”哦！
用太久的筷子上面可能藏着各种各样的有害病菌，会导致感染性腹泻、呕吐……
滔滔不绝。
2

去去去！大过年的胡说什么呢！不帮忙就出去待着！
哎呀！听我说完啦！
生气！
3

妞儿过来！妈妈给你个任务！
?
4

姥姥，新年用新筷子！快快乐乐一辈子！
哎呦，我的宝贝！真懂事！
5

老头子！去把旧筷子扔了换新的！新年新筷子！哈哈！
你女儿我说了一箩筐的话，不如你外孙女的一句！
6

油壶，选玻璃的

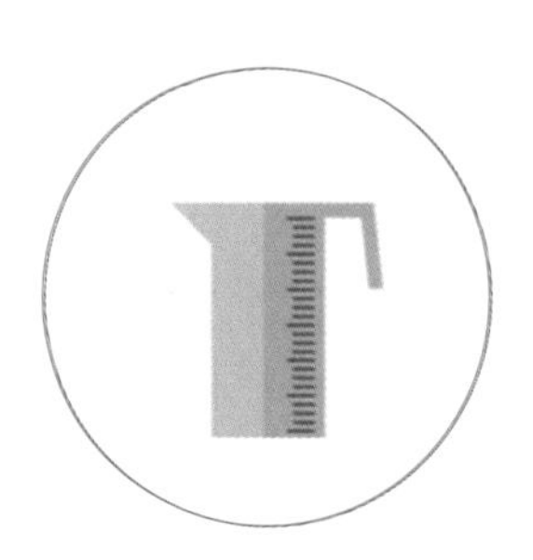

市面上常见塑料油壶和玻璃油壶，推荐选择玻璃油壶。因为玻璃材质在温度较高的环境下更稳定，塑料在高温环境下容易分解产生有害物质，而且，玻璃油壶更容易清洗。

为什么要清洗呢？

这是因为，油壶一直放在灶台边烟熏火燎，久而久之，其表面会沾上不少油，这还是次要的，更要命的是油壶里面的隐患。

食用油在阳光、空气、水分等作用下会分解为甘油二酯、甘油一酯及相关的脂肪酸，这个过程被称为油脂的酸败。发生酸败的食用油其营养价值降低，并可能产生对人体有害的醛、酮类物质。

因此，建议选购油壶时，选择容量约为 1 个星期用油量的。不要将油壶置于靠近火源处，每月至少清洗 1 次油壶。

油壶清洗起来是个技术活。准备好淘米水、白醋，外加一支奶瓶刷：首先，将淘米水倒入油壶，盖紧盖子使劲晃动，持续 3~5 分钟，待大多数油垢松动，将淘米水倒掉；其次，倒入少量白醋，用奶瓶刷刷洗每个角落。这样经过两次去油过程，再用清水彻底冲洗干净即可。顽固的油垢，可试试用小苏打水。

特别提醒，洗净的油壶一定要等干燥后再盛油，倘若残留水滴，会加速新加入的油的氧化酸败。

有图有真相

不锈钢餐具，使用有四不宜

不宜煎煮中药

一般而言，中药里面含有多种生物碱、有机酸等成分。这些成分在加热条件下，很容易发生化学反应而使药物失效，甚至生成某些毒性更大的络合物。

不宜用钢丝球或砂纸蹭擦

不锈钢餐具在使用一段时间后，表面会失去光泽而形成一层雾蒙蒙的东西。可以用软布蘸上去污粉，轻轻擦拭不锈钢器具的表面，即可让其恢复光亮如初，千万不要用钢丝球或砂纸去蹭擦，这样会划伤不锈钢表层。

不宜烹饪和储存酸性食物

酸会促使不锈钢餐具中所含的铬和镍释放到食物中，对健康不利。

不宜使用强碱性物质清洗

不能用强碱性或强氧化性的化学试剂如小苏打、漂白粉、次氯酸钠等洗涤不锈钢餐具。因为这些物质都是强电解质，会与不锈钢起电化学反应。

健康“煮”意

——烹饪小细节，出品大进步

焯水这一步不能省

焯水，不仅有助于去除草酸、残留的农药、亚硝酸盐等有害物质，也能让食物保持鲜艳的色泽，是众所周知的烹饪“必杀技”之一。

那么，问题来了，到底煮什么菜需要用到这道工序？

草酸高的蔬菜

如菠菜、苋菜、马齿苋、鲜竹笋、苦瓜、茭白等。草酸不仅会在肠道与钙结合形成沉淀影响钙吸收，排泄过程中也容易在尿路中与钙结合形成结石。而焯水可去除 30%~87% 的草酸，令其影响大大减轻。

含天然毒素的蔬菜

如芸豆、扁豆、长豆角、鲜黄花菜等。芸豆、扁豆等含皂素和植物血凝素，如果没有煮熟烧透，容易引起恶心、呕吐、四肢麻木等食物中毒症状。建议煮食前将两头的尖和丝去除，水泡 5 分钟，再沸水焯 5 分钟处理。

不好清洗的蔬菜

如西兰花、菜花等。这类蔬菜不好清洗，也不能去皮，沸水焯可更好地去除农药残留。

● 肉类

不同肉类，焯水方法也不同。鱼、虾建议沸水焯 1~2 分钟后捞出，再用盐、料酒等腌制；质地不太嫩的肉建议用凉水焯，如熬汤的大块排骨或牛羊肉、鸡鸭肉可与凉水一起下锅，大火烧至水开，撇去血沫后捞出。

● 豆腐

烹调前焯水可去除部分豆腥味，建议将凉水和豆腐同时下锅，大火烧开后转小火，待豆腐浮到水面后捞出。

需要提醒的是，若一锅水焯不同食材，应先焯气味小的，再焯气味大的；先焯浅色的，再焯深色的。

烹饪用水，冷热有讲究

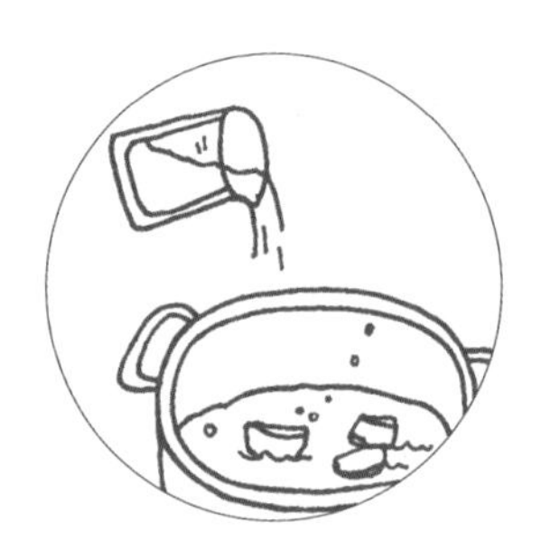

做饭加水也有很多学问。掌握了正确的用水方法，烹饪会更顺利，食物会更美味。

煮饭用开水。煮饭的时间越长，维生素 B_1 损失得越多。用开水可以缩短蒸煮时间，减少营养损失。

蒸馒头用冷水。蒸馒头（包子）用冷水，放入馒头后再加热升温。这样可使馒头均匀受热，并能弥补面团发酵不佳的缺点，蒸出的馒头松软可口。

煮面加凉水熟得快。煮干面条时，不必等水大开，水热后就可以下锅了。煮面时，应随时加凉水让面条均匀受热，这样面条容易煮透且汤清。

炖鱼、猪骨汤、鸡汤用冷水。清炖鱼用冷水就没有了腥味。煮鸡汤时应用凉水，并逐渐加温，煮沸后用文火慢炖。如发现水太少，应加开水，切不可中途加冷水，以免汤的温度突变，影响营养和味道。

水沸腾后放蒸鱼。蒸鱼或蒸肉时，待蒸锅的水沸腾后再上屉。这样鱼肉外部突然遇到高温蒸汽而立即收缩，内部鲜汁不外流，熟后味道鲜美。

煮肉汤时，热水煮肉味美，冷水煮肉汤香。煮牛肉用开水，能使肉保持大量营养成分，味道特别香。用腌肉煲汤，应冷水下料。

煮妇聊天室

话题：绿豆怎么煮开花？

天太热，正好喝绿豆水，可我煮的绿豆怎么都不开花。你们有好办法吗？

呜呜呜，我的也是！没有起沙的口感，差评！

把绿豆洗净，加水没过绿豆，放入冰箱冷冻层 4 小时后，把绿豆直接放锅里加热水煮，很快就能开花啦！

我还有个办法！用平底锅炒干绿豆，感觉有点皱皮了就马上放进凉水煮，煮一会就开花了！

绿豆解毒消暑的功效主要在豆皮，煮的时间太长会失去效果，一般开锅沸腾后再煮 2~3 分钟就行了。

这样啊，那我先把绿豆水盛出来一部分，再煮成甜甜的绿豆沙。

嗯，再往锅里加点水，再煮 30 分钟左右就是可口的绿豆沙了。

原来煮的时间也有讲究！谢谢啦！

煮妇聊天室

话题：炒肉片怎样做才能嫩？

LILY

姐妹们！我每次炒的肉片都很硬，怎么做才能做得像饭店的那么嫩啊？

宝妈

这个我有经验！腌肉片时加淀粉和啤酒，腌制 20 分钟左右，会非常嫩哦！

小燕

腌肉还可以用点小苏打！

健康煮妇

腌肉时可以放料酒。多给肉片“按摩”或加点柠檬汁、菠萝汁，嫩肉效果也不错！

健康煮妇

另外，炒菜时也有讲究！热锅冷油，快速翻炒，最好用中火，炒的时间不要太长了，不然肉就会硬。

小燕

还有还有！盐不要太早放了，不然肉也会变紧！

LILY

好棒！又学到了好多知识！谢谢你们！

健康煮妇

那你赶紧试试吧，今晚给老公、孩子露一手，嘿嘿！

菜肴不同，刀法各异

"民以食为天。""厨以切为先。"其实，切得一手好菜，不仅能让烹饪变得容易，还会影响菜肴的营养价值。下面介绍几个让切菜更轻松的小窍门。

●黏性食物

先用刀切几片萝卜，再切黏性食物，萝卜汁能防止黏性食物黏在刀上。

●肥肉

切肥肉时，因其中的大量脂肪会渗出，一来导致肉块不容易固定在案板上，下刀时会滑刀切手，二来不好掌握肉块的大小。可先将肥肉蘸凉水再切，边切边洒凉水，这样既省力，肉也不会滑动。

●鱼肉

鱼肉质细、纤维短，极易破碎。因此，切时应将鱼皮朝下，刀口斜入，下刀的方向最好顺着鱼刺；另外，切鱼时要干净利落，这样炒熟后形状才完整。

●羊肉

羊肉中有很多黏膜，炒熟后肉烂而膜硬，口感不好。所以，切羊肉前应先将黏膜剔除。

●牛肉

牛肉筋多，为了不让筋腱整条地保留在肉内，最好横切。

●猪肝

猪肝要现切现炒，因为切后放久了不仅养分流失，炒熟后还会有许多颗粒凝结在肝片上。鲜猪肝切片后，应迅速用调料及水、淀粉拌匀，并尽快下锅翻炒至熟。

●蛋糕

生日蛋糕很容易黏在刀上，切前最好将刀在温水中蘸一下，这样，热刀会融化一些脂肪，起到润滑作用，防止蛋糕黏刀。此外，用黄油擦刀口也可起到同样的效果。

●大面包

可先将刀烧热再切，不会使面包黏在一起，也不会松散掉渣。

我买了块不错的牛肉，
今晚炒了吃吧！
太好了。妈，我
帮你切肉吧！
1

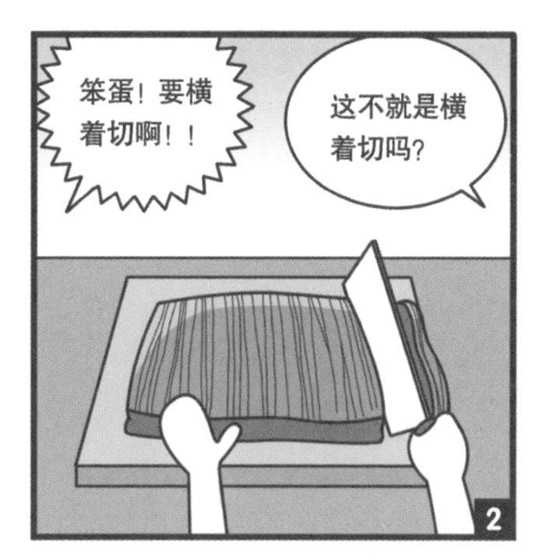
笨蛋！要横
着切啊！！
这不就是横
着切吗？
2

你仔细看那些肉的纹
路！这么横着切，肉才
不会硬，妞妞才能吃！
好好好……
3

这样总行
了吧？
是不是傻！先顺
着切成小方块再
来横切啊！
4

到底要我
怎样啊！
这样切
才对！
都说要这
样切了！
这样切！
？？
妈妈和姥姥在
厨房干吗？
5

妞妞，今天姥
姥给你做了牛
肉丸哦。
没想到最后
用绞肉机结
束了两个女
人的争吵！
好吃！
唉！
6

用好微波炉，做出健康菜

有人说，微波食品有致癌物，营养少，不能吃。但这其实是操作不当导致的。

总体来说，用微波炉加热食物，并不会比蒸、煮、炖这些公认的健康烹饪方式差。要是跟煎炸、烧烤、烟熏比，那用微波炉实在是健康得多。煎炸、烧烤、烟熏，温度会短时间升高，使食物生成致癌物质。用微波炉的话，只要温度控制得当，一般不会出现这类问题，因此，相对更健康。

如下简单几招，学会了，技能升级。

● 防受热不均：切小块、拌匀

微波炉主要是利用食物里的极性分子如水分子来进行加热。微波食品冷热不均，可能与它里面的极性分子分布不均匀有关。

要避免这种情况，可以这么做：不规则形状的食物，尽量切成小块，平铺在碟子上；分次加热，中途把食物拿出来，搅拌、翻动一下，再继续加热。

● 用好“傻瓜式”设置

除了探索合适的加热时间，大部分的微波炉自带蒸鸡蛋、煲汤、煮米饭、蒸包子、蒸鱼、加热等多种模式，完全不用费心选火候。使用时不妨优先根据实际烹饪需求进行选择。

● “高火短叮”，优于“中火长叮”

加热食物时，用高火“叮”一会，比用中小火慢慢“叮”的加热时间更短，故而能保留更多的营养成分。

但开高火，水分蒸发得比较快，食物容易变得干巴巴的。可以适当往食物里加一点水并搅拌均匀，也可以用带孔的、耐热的保鲜膜或盖子把食物盖好，减少水分散失。

●这几类食品，最好别用微波炉来加热

鱼虾等海鲜，鸡鸭等禽肉

这些富含不饱和脂肪酸，用微波炉加热易破坏它们。

所谓不饱和脂肪酸，是指人们熟悉的 DHA、EPA、亚麻酸等。它们是神经系统的重要营养成分，有助于大脑发育以及维持大脑的正常功能。小儿要促进智力发展，老人要延缓大脑衰老，都得重视补充足量的不饱和脂肪酸。

富含不饱和脂肪酸的食物主要有鱼、虾等海鲜，还有鸡鸭等禽肉、鸡蛋、坚果。

老人和小孩对不饱和脂肪酸的需求比较大，最好不要用微波炉加热这些食物。如果是白领，用微波炉蒸鱼也无妨。

坚果、肉干、干奶酪

这些食物油脂高、水分少，易烧焦。

这些食物所含的水分很少。用微波炉加热时，温度往往上升得非常高，很容易烧焦这些食物。再者，这些食物都含有大量脂肪、蛋白质，一旦烧焦，温度高达两三百摄氏度，就会产生大量致癌物。

婴儿食品

这些食物应注意防止操作失误 。

不主张把婴儿食品放进微波炉,主要是担心人们操作不当。

例如,微波炉加热的时间太长、温度太高,会使食物产生致癌物,或使营养严重损失。婴幼儿不比成年人,其解毒能力比较弱,应尽可能避免婴幼儿摄入有害物质。

妞儿！鸡腿加热好啦，快来吃吧！
哇！鸡腿！

等一下！妞妞不能吃！！
哇啊！
突然冲出！
啪

妈，你这是干什么呀？！
你看看今天的新闻呀！微波炉加热食品会产生致癌物！！
呜哇哇哇哇

唉，这早被辟谣了！食物加热的时间太长、温度太高才会产生致癌物，要是跟煎的炸的比，微波炉可健康得多呢。
这样啊……

妞妞不哭，是姥姥错了！冰箱里还有鸡腿，给你再做一个好不好？姥姥可最疼你了。
那掉在地上的鸡腿呢？

毫不犹豫
这个擦擦还给你吃。
妈！说好的最疼呢？！
惊！
一本正经
嘿嘿！

5招让饺子味道更鲜美

（1）包饺子要先和面，让面“饧着”（放置一段时间），然后再做馅。

（2）饺子馅里肉与蔬菜的比例要得当，一般以1∶1或1∶0.5为宜。韭菜、大葱、白菜、萝卜、芹菜、茴香、荠菜等蔬菜依各人口味选用。

（3）有些蔬菜馅易渗出汁液，据测定，白菜去汁后维生素会损失90%以上。为了避免营养损失，可在菜馅切好后，先把菜汁挤出来，拌肉馅时再将菜汁掺到肉馅中，使劲向一个方向搅拌，使肉馅充分吸收汁液。继续搅拌，同时滴入酱油，边滴边搅，直至拌成糊状，然后加入菜馅拌匀。

（4）调制饺子馅时，可加入少量白糖，增加鲜香的味道。

（5）和饺子面时，可加入适量鸡蛋清（1千克面粉加2只鸡蛋），以增加蛋白质含量，提高面皮质量，饺子下锅后既挺括又不易破皮，起锅后“收水”快，不易粘连，食时滑溜适口。若在和面时掺入适量菠菜汁或油菜汁，煮熟后饺子带淡淡的绿色，颇似翡翠，卖相更佳。

会用高压锅，改良老火汤

广东人的拿手好戏之一是煲汤。尤其是老火汤，往往一煲就需要几个小时。

虽说老火靓汤充满"家的味道"，但是经过长时间的煲煮，食物中许多营养素都遭到破坏，煲得越久，蛋白质变性越厉害，维生素被破坏得越多，汤里仅含有极少量的蛋白质溶出物、糖分和矿物质，营养并不是很丰富。此外，猪骨、鸡肉、鸭肉等肉类食品经水煮后，能释放出肌肽、嘌呤碱和氨基酸等物质，这些物质总称为"含氮浸出物"，其中所含的"嘌呤物质"就越多，而长期摄入过多的"嘌呤"可导致高尿酸血症，后者是引起痛风的罪魁祸首。

那么，如何既保证汤水的美味，让人很爱喝，又能远离高嘌呤、远离痛风呢？

建议用高压锅内置炖盅隔水煲滚汤。既保证了浓郁的味道，也保留了营养价值，同时也可以减少"高嘌呤"的摄入。

高压锅"煲汤"，由于蒸气压力增大，更多的营养更多得以释放。而且，高压锅温度升高较快，骨头、肉、干豆等坚硬不易烧烂的食物更容易煮熟，大大缩短了烹调时间。此外，由于隔水炖，炖盅有盖密封，高压锅"烧煮"用水量较少，汤的香气也保留在内，营养的损失也比较少，滋补效用更明显。高压锅温度高，杀灭微生物的效果好，用高压锅烧的食物，微生物污染的可能性较小。当然，对于青菜、青瓜、冬瓜、土豆等容易煎煮的，则不适宜用高压锅来煲汤。

用高压锅做出来的汤美味，营养价值高，而且嘌呤的含量不会超标。当然，即使如此，也不建议多喝，一般每周喝三四次即可。

炒一道菜，刷一次锅

有些人图省事，在炒完一道菜后，不把锅洗刷干净（除非之前煎东西，锅煳了），便接着炒第二、第三道菜。却不知，这样不但会影响下一道菜的味道，还可能给健康带来隐患。

原因在于，菜肴大多是含碳有机物，经热解会转化为强致癌物苯并芘。研究证实，包括脂肪、蛋白质在内的含碳有机物，转化为苯并芘的最低生成温度为350~400摄氏度，最适宜生成温度为600~900摄氏度，而置于炉火上的锅底常能达400摄氏度以上。换言之，锅中的残留物轻易便能转化为苯并芘。持续加热时，锅底黏滞物的苯并芘含量甚至比直接烧烤的食物高，在烹调鱼、肉之类富含蛋白质、脂肪的菜肴时尤其明显。此外，鱼、肉等被烧焦后，还会产生一种致癌性比黄曲霉素更强的物质。

因此，应切记炒一道菜，刷一次锅。

莫等油锅冒烟再下菜

许多人炒菜讲究“够锅气”，认为油一定要烧热，冒烟了再下菜，这样炒出来的菜才更俱色香味。殊不知，这犯了健康的大忌。

过去所使用的没有经过精炼的油，120 摄氏度时便开始冒烟，当冒烟较多时方才达到 180~200 摄氏度的油温。但如今的色拉油和调和油去除了杂质，及至大量冒烟时，可能已达 250 摄氏度的高温，此时不仅可能导致油质发生高温劣变，也会使菜肴中包括维生素 C、维生素 E 和必需氨基酸在内的各种营养物质遭受破坏。而食油在高温中更会产生一种名为“丙烯醛”的气体，对人的鼻、眼均有一定的刺激作用。

因此，炒菜的时候务必控制好油温，尽量不要让油大量冒烟，也不要长时间煎炸食物。正确的做法是：在油刚有点冒烟的时候便放菜，或者先往油里放入白葱头或白蒜头，如果四周大量冒泡但颜色不马上变黄，则证明油温适当。还需注意厨房一定要通风，以降低室内空气污染。

有图有真相

腌制菜，这么处理

很多家庭都喜欢腌制食品。经过盐和其他辅料腌制而成的咸鱼、咸肉等，其蛋白质在腌制过程中变成了美味的氨基酸，食之开胃，而且营养价值并不比新鲜的差。但食用不当，亦可给人体带来危害，所以必须食之得法。

● 腌必透，方出味

腌制品应腌透后再食用，腌透除了盐料充足，还要保持一定的时间，如腌菜要在 10 天以上，腌鱼、腌肉、腌蛋要在 20 天以上，但时间也不宜过长，以防变质。这样的腌制品不但味美，还能减少亚硝酸盐的含量。

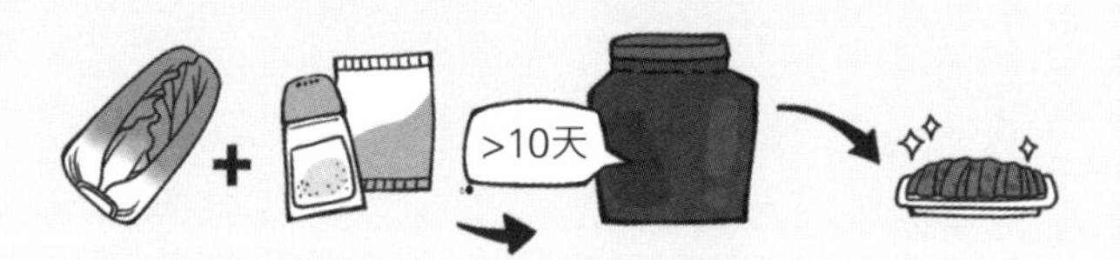

● 荤素配，食适量

长期食用腌制食品，人体内的亚硝酸会与胺类合成有毒物亚硝胺。如果与蔬菜和水果搭配食用，水果中含有丰富的维生素 C，具有极强的还原性，就可以降低有毒物亚硝胺的含量。

● **洗必净，再加工**

所有腌制品，尤其是咸鱼、咸肉、咸菜，食用前必须经过浸泡，可用热开水浸泡 10 分钟，然后再用自来水冲洗干净，方可进行加工。若用凉水浸泡最好不要超过 12 小时，以免产生过量的亚硝酸盐。

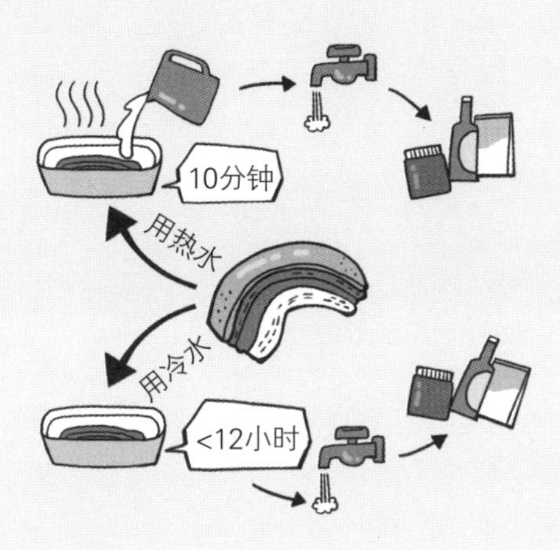

● **烹加料，要得当**

咸鱼、咸肉是嗜盐菌良好的培养基，此种菌含有与肠毒素相似的毒素。一次吃进大量的嗜盐菌，能破坏肠黏膜，造成胃肠功能紊乱。但蒸熟、煮透 15 分钟以后即可避免。此外，腌制食品含有微量的亚硝胺，经油煎炸后可以转化为致癌的亚硝酸盐吡咯烷，故不宜煎炸食用。烹调时如加入适量的大蒜、洋葱、生姜等调料，可以抑制亚硝基和亚硝酸盐的形成。

五味杂陈

——巧用调料，调出健康的味道

自榨油，绝非放心之选

自己在家榨油，是不是工业化生产食用油的"迷你版+安全版"呢？事实可能大出外行人士的意料。在食品技术上，这样刚刚榨的油称为"原油"，俗称"毛油"或者"粗油"。

我国标准规定，未经精炼的植物原油不能直接食用，只能作为成品油原料。

原油不能直接食用，主要还是因为原油中杂质多样，通常含有水分、机械杂质、胶质（磷脂、蛋白质、糖类）、游离脂肪酸、色素、烃类、微量金属化合物，同时还可能含有因环境污染而带来的砷、汞、残留农药等。

有些油料作物，如花生等在储存过程中，如果发霉，榨得的油中还可能带入黄曲霉毒素——众所周知，这种毒素是自然界中致癌性最强的毒素之一。

有些原油中还含有一些天然的有害物质，如菜籽油中含有芥子苷，芥子苷的水解产物有一定毒性，可对人体甲状腺功能产生影响。

生棉籽中的棉酚，榨油后大部分进入油中，油中含量可达1%~1.3%。我国食用植物油卫生标准规定，食用植物油（棉籽油）中游离棉酚的含量一般不得超过0.02%。长期食用含棉酚量较高的棉籽油，会引起"烧烈病"，出现皮肤灼热、无汗、无力、头晕、肢体麻木等症状，还可能影响生殖功能。

由于原油中可能存在多种安全隐患，因此，必须经过精炼过程的处理才能作为食用油被人类食用。可见居家榨油绝非"吃得放心"之选。

食用油，换着吃

在营养师眼中,好油有“三支队伍”。

油酸队。以橄榄油、茶油两位“明星”为代表,脂肪酸组成以油酸为主。

亚麻酸队。以亚麻籽油、紫苏油两员“大将”为代表,脂肪酸组成以亚麻酸为主。

亚油酸队。最常见的“群众”,有玉米油、大豆油、菜籽油、玉米胚油、葵花籽油等。

它们有个共同特点,都是以不饱和脂肪酸为主,与饱和脂肪酸相比,更有利于心脑血管健康。平时我们从肉、蛋、奶、坚果等食物里面获取的饱和脂肪酸已经足够,甚至超标,所以,我们可以适量吃这“三队”植物油。

绝大多数中国人平时炒菜吃“亚油酸队”的比较多,这就造成了亚油酸摄入过多,而油酸和亚麻酸摄入匮乏。长此以往,脂肪酸摄入比例失衡,容易导致胆固醇的转运与代谢出现问题,诱发心脑血管疾病等。

所以,家庭用油不要独爱一种,要在这“三支队伍”之间勤更换,而不是某一分队中的那几种油互换。否则,吃来吃去还是同一类型的油,“换汤不换药”,白费功夫。

选调和油，看好配料表

虽然换着吃油好，但是很多人觉得太麻烦，认为直接吃调和油不就得了。一看广告上常说的“1∶1∶1 黄金比例调和油”，就吃它，觉得肯定是比例均衡，不用经常换。

● 1:1:1，这个比例是从哪儿来的？

据中国营养学会与美国心脏病协会等机构推荐，膳食结构中脂肪酸的最佳摄入比例为：饱和脂肪酸∶单不饱和脂肪酸∶多不饱和脂肪酸 = 1∶1∶1；其中，多不饱和脂肪酸中的亚油酸与亚麻酸的比例是（4~6）∶1。

这种黄金调和油，乍看非常符合人体脂肪酸的需要比例，但有两大缺陷。

(1) 人体脂肪酸摄入的比例指的是对“一日三餐 + 零食”的整体膳食结构而言。而在我们的膳食中，往往容易造成饱和脂肪酸摄入充足甚至过量了。所以，不需从食用油中去获取饱和脂肪酸，反而是要减少食用油中饱和脂肪酸的量。因此，前面的“1”偏多了。

(2) 亚油酸与亚麻酸的合理摄入比例是（4~6）∶1，在“1∶1∶1 调和油”中也没有充分做到这一点。如果要吃调和油，要注意控制饮食中饱和脂肪酸的含量。

选择调和油的出发点是好的，可我国目前针对调和油的相关标准还未出台，这就导致调和油市场鱼龙混杂，有好有坏。

在选购调和油的时候，一定要关注标签，如某款橄榄调和油，将橄榄两字特意放大，而将“调和油”字样淡化。

再看其配料表，发现橄榄油在配料表中排在最后一位，说明橄榄油的含量非常少，这就是典型的名不副实的调和油。

还有一些调和油，连脂肪酸的配比都不合理，只是随意“混搭”，选购的意义不大。

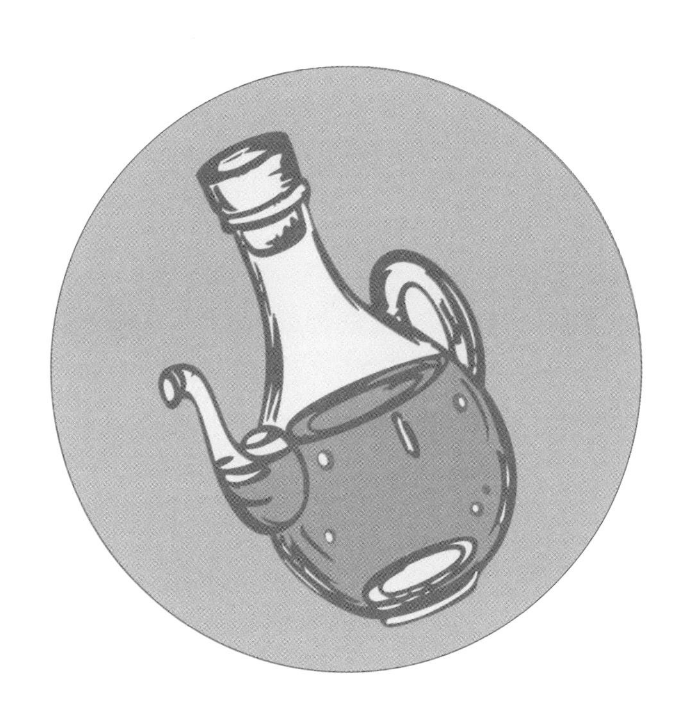

有图有真相

调和油，能DIY

1份大豆油　　1份橄榄油/茶籽油　　0.4份亚麻籽油

饱和脂肪酸:单不饱和脂肪酸:多不饱和脂肪酸 =0.14 : 1 : 1,其中,亚油酸与亚麻酸的比例约为 4 : 1。

2份花生油　　0.4份橄榄油/油茶籽油　　0.4份亚麻籽油

饱和脂肪酸:单不饱和脂肪酸:多不饱和脂肪酸 =0.5 : 1 : 1,其中;亚油酸与亚麻酸的比例约为 4 : 1。

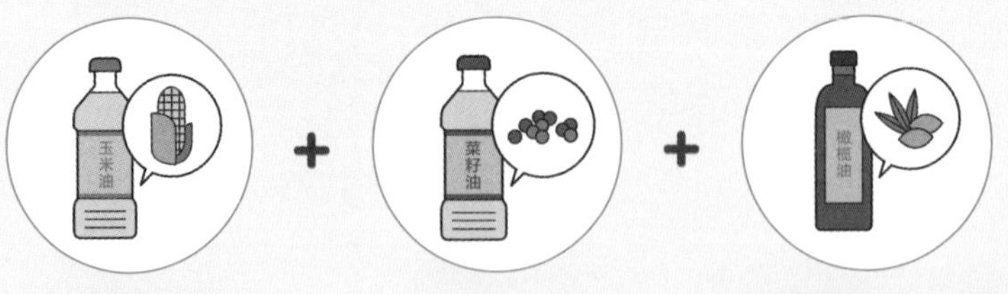

1.5份玉米油　　0.5份菜籽油　　1份橄榄油/油茶籽油

饱和脂肪酸:单不饱和脂肪酸:多不饱和脂肪酸 =0.32 : 1 : 1,其中,亚油酸与亚麻酸的比例接近 4 : 1。

买酱油，摇一摇，看一看

买酱油前，首先要弄清楚，自己买到的是酿造酱油，还是配制酱油。酿造酱油是用大豆或小麦、麸皮为原料，采用微生物发酵酿制而成。配制酱油是以酿造酱油为主体，与酸水解植物蛋白调味液、食品添加剂等配制而成的调味品，常吃对人体无益。

买酱油时轻轻晃动瓶子，看看摇出的泡沫。酿造酱油的泡沫比较均匀，而且不易散去。配制酱油产生的泡沫大小不一，停止晃动瓶子后，泡沫会快速散去。所以，如果配料表写的是“酿造酱油”，而泡沫显示为“配制酱油”，购买时要多留个心眼。

在辨别曾一度引发人们担忧的“毛发酱油”（人的毛发经过强酸水解之后再加入添加剂制得）时，我们可以通过一个简单的方法鉴别：将酱油瓶倾斜或倒立，然后再把瓶子放正直立。如果是毛发水酱油，液体就会粘在瓶壁上，留下一片黑色的污垢，半天都流不干净。

另外，千万别以为颜色越深、质地越稠的酱油质量就越好。因为纯粮食酿造的酱油，恰恰颜色浅、质地稀。配制酱油的厂家在生产酱油时，经常会往酱油里添加增稠剂和色素，让酱油的颜色更深。而这些增稠剂和色素对人体没什么益处。

- 买酱油，认标签，尽量不买配制品。
- 摇摇瓶子看泡沫，好酱油沫匀不易散。
- 歪歪瓶子看瓶壁，好酱油不会留油污。

谢绝"味精水"，自制健康"浓汤宝"

好的生活或许是每天都有汤喝。汤的美味会刺激味蕾，促使胃酸分泌，使人"食指大动"。

但是，对那些过惯了"快生活"的人来说，煲汤似乎是一件可望而不可及的事情。

于是，浓汤宝、高汤、快食汤（冲泡汤）等产品就应运而生。这些"浓汤宝""快速汤"确实满足了那些既想喝汤，又不愿花费很多心思和时间去熬汤的"懒人"。

但是，目前市场上的浓缩汤料，不管是海鲜口味的，还是排骨口味的，它们大多并非真正用海鲜或排骨等材料熬出来，有些甚至只是加入调味粉、添加剂制成。有些快速汤的配料表上虽然也标有鸡、鱼、虾等食物成分，但其实际含量极少，营养也是微乎其微。

其实，既不想花太多时间，又想喝上一碗真材实料的靓汤，并不是没有办法。

我们不妨考虑自制"浓汤宝"。

所需器皿有：冷水壶 1 个，大粒冰块制冰格 1 个，密网漏勺 1 只。

把自己喜欢的汤的材料如排骨、牛肉或鸡骨架等，用开水烫去血水后，用冷水冲洗干净，然后把食材放入锅里，加入适量的水，并且放入姜片，还可以按自己的喜好分别加入红枣、枸杞、香菇、胡萝卜、玉米等，先用大火煮沸，然后再用小火炖煮 1~2 小时。

汤炖好后，可根据个人口味，加入适量的盐调味，并放凉到室温。然后用密网漏勺滤去渣和油，倒进冷水壶中。把冷水壶中的汤填满制冰格，小心地放入冰箱的冷冻室，冻成汤块。

每次做菜或煮面时可以放上一两块。

一般而言，自制的浓汤宝在零下 20 摄氏度左右的冷冻室内，可以保存 1 个月左右。

自制的“浓汤宝”不仅味道鲜美、成本低，关键是所有的食材都经过自己的精心挑选，无须担心有防腐剂、添加剂等。

不过，无论是自制的“浓汤宝”，还是购买的浓汤宝，其中所含的营养成分还是比较有限的，不建议作为家常长久之计。

想喝营养又健康的汤，不妨多做一些滚汤。如果手头上没有猪骨、瘦肉等能增加汤的鲜味的食材，只有买回来的浓汤宝，那么，在制作汤时，也可加入新鲜的胡萝卜粒、青菜、海带丝、紫菜、香菇、虾干等，同样可以做出一锅真正的营养丰富、均衡的靓汤。

啦啦啦，煮锅排骨汤，用隔渣筛子过滤它。
啦啦啦！
倒进冰格里，冰呀冰冻它！
1

闺女，你在干嘛呢？
我在给妞妞做小冰棍呀。
2

这是用骨头汤做的好东西，妞妞也能放心吃。
还有这种操作！
3

妞妞，你觉得好吃吗？
呃……这小冰棍的味道好特别呀！
第二天……
4

哇！你们在干吗？
生气！
尝尝你特制的爱心冰棍呀。
味道好怪！
5

妈，这是做菜、煮面的时候放一两块，替代味精鸡精用的啊！
原来如此！
!!
!!
喷！
6

味精有毒？纯属误会

味精是我们餐桌上最常见的调味料，烹调时适量地放点味精，可以使菜肴味道鲜美，促进食欲。可这位“老实”的食品添加剂成员“成长”的路途并不平坦，红脸白脸都唱过，误会也不少。一度被贴上“有毒添加剂”标签的味精，究竟功过如何评说？现在很多人选择的替代品鸡精，是否就是味精的升级产品？它真的比味精“技高一筹”吗？

●“味精有害”依据不足

味精的主要成分是谷氨酸钠。它进入胃以后，受胃酸的作用变成谷氨酸和钠分别被人体吸收。谷氨酸与其他氨基酸一样，可以构成人体组织的蛋白质，钠也是我们身体需要的元素。由此看来，味精作为食品添加剂是极其安全的。

另外，每人每千克体重，每天谷氨酸钠的摄入量不超过 120 毫克是安全的。以一个体重 60 千克的人为例，只要每天味精摄入量不超过 7.2 克，便不会对人体造成任何不健康的影响，而这显然是我们日常用量所不可能达到的。

● 鸡精味精，孰优孰劣

而被认为味精"升级版"的鸡精是一种复合的调味料。鸡精的主要成分仍然是味精（约含 40%），在此基础上，还加入 10% 以上的盐、糖、鸡肉或鸡骨粉、香辛料、肌苷酸、鸟苷酸、鸡味香精、淀粉等物质复合而成。

鸡精的主要作用一样是增鲜，但由于添加了肌苷酸和鸟苷酸等呈味核苷酸，其鲜度比味精高，是味精的换代产品。

由于鸡精的主要成分是味精，因此，它与味精的安全性相仿。还有一点需要注意的就是，鸡精本身含有 10% 的食盐，用了鸡精后盐量要相应减少。如果已经加到合适的咸味，再放鸡精，就容易超标了。

● 不当烹饪，得不偿失

虽然没有证据表明味精在日常烹调正常用量会对人体的健康产生不利影响，但如果不注意使用规则，确实不仅达不到理想的调味效果，甚至也会产生毒副作用。

使用味精应该注意如下几点。

（1）味精在高温时会转变成焦谷氨酸钠，不仅失去鲜味，而且对人体有潜在致癌作用。因此，味精要在菜肴快出锅时加入。

（2）不宜在烹调酸性食物中添加味精，如糖醋鱼或排骨、醋熘白菜等，因为味精在酸性食物中加热，更容易产生焦谷氨酸钠，使菜肴走味。凉拌菜宜先溶解后再加入，因为味精的溶解温度为80多摄氏度，低于此温度难以溶解。

（3）味精略呈碱性，在含有碱性的原料（如皮蛋）中使用会形成谷氨酸二钠而出现氨水臭味，大大降低鲜味。

（4）海鲜、肉类和蘑菇等食品本身就含有鲜味成分，所以，在此类食品中，都可不放味精、鸡精。

Tips：这些人少吃

高血压患者、老年人。摄入味精和鸡精，会额外增加钠的摄入。所以，高血压患者以及老年人不但要限制食盐的摄入量，而且还要严格控制味精的摄入。

痛风患者。鸡精含呈味核苷酸（肌苷酸、鸟苷酸），它在体内的代谢产物是尿酸，所以，痛风患者应适量减少鸡精的摄入。

孕妇。孕期容易出现水肿，钠摄入过多容易加重此症状，因此应少吃或不吃味精和鸡精。

婴幼儿。婴幼儿也应尽量不吃味精和鸡精，这样有利于其将来健康饮食习惯的形成。

选盐不必“高大上”

去超市买盐的时候，人们会看到各种各样的盐，除了普通的加碘盐、海盐，还有很多“高大上”的盐，如低钠盐、玫瑰盐、营养盐等。这些价格高的盐是否更有营养呢?

● 低钠盐也不能多吃

所谓低钠盐，其实还是在加碘食盐的基础上，添加了 1/4 以上的氯化钾制作而成。与普通钠盐相比，它的含钠量更低，比纯的精制盐低 25%~30%，而且还含有一定量的钾，对于有高血压等心血管疾病的人群，用低钠盐替代日常食盐是有一定好处的。

不过，需要提醒的是，低钠盐依然含有钠，它有益的前提是:①替代原来的普通食盐。②总量不能太高。我们推荐吃普通食盐的量每天不超过 6 克，低钠盐也差不多是这个量。因为，即使是低钠盐，如果比普通盐多用 25%，吃进去的钠也就和普通盐一样多了，所以，不能错误地认为低钠盐有益健康就盲目地多吃。

● 玫瑰盐，没宣称的那么神奇

市场上还有一种很火的玫瑰盐，它号称有 84 种微量元素，有益健康，比普通食盐贵很多。玫瑰盐真的更健康吗？

其实，84 种微量元素是一种营销陷阱。现代食品检测技术发展到今天，几乎所有的食物都可能检测出 84 种营养物质（微量元素）。但是，营养素种类多，并不一定更有营养。评价一种食物的营养，除了看种类多少，还要看每种营养素的含量有多少、是否均衡。所以，玫瑰盐有 84 种元素不奇怪，这并不表示玫瑰盐有营养，其含量最多的成分还是氯化钠。

虽然玫瑰盐中的某些微量元素的确会比普通盐高一些，如硅元素含量相对较高，它可能对骨骼健康产生一定作用，但硅是否为必需元素尚有争议，我国也未制定硅摄入量的标准，硅能否发挥益处尚不能确定。玫瑰盐中的铁等元素的含量也会高一些，但是，如果每天吃 2 克玫瑰盐，大约只能获得 2 毫克铁，和女性每天所需的 20 毫克铁相比，还有很大差距。所以，玫瑰盐不能作为膳食补铁的主要来源。

● 营养盐，不会带来更多营养

市场上还有各种各样的“营养”盐，如加铁、加锌、加钙、加硒的盐等。它们会给我们更多营养吗？

这些盐所添加的元素对补充相应的微量元素有一定作用，但实际效果不一定好，而且可操作性不强。因为，盐的需要量在整个膳食中所占的份额很小，所添加的这些营养就更少了。

如果真想补充除氯化钠以外的营养，还是得靠膳食，如果一味相信“营养盐”的宣传，盲目多吃还会增加钠摄入，不利于心血管健康。如果你有缺铁、缺锌、缺钙、缺硒之类的问题，应该主要通过改变饮食结构来解决。如果不缺乏，额外补充未必能获益。

除非患病人群对盐的摄入有特殊要求，普通人群选择普通的即可。

简易两招，教你控盐

《中国居民膳食指南》建议，成年人每天食盐的摄入量不超过 6 克，儿童食盐摄入量应控制在 3 克以下。但调查显示，我国八成居民食盐摄入超量。既要健康，又要美味，真不好控制。怎么办？教你两招。

● 餐时加盐法

“餐时加盐法”的具体方法是：起锅时少加盐或不加盐，将盐罐放到餐桌上，等菜肴烹调好端到餐桌时再放盐。

事实证明，这是减少盐摄入量的有效措施。

因为盐主要附在菜肴的表面，吃的时候咸鲜味道足够，与先前放盐做菜的滋味一样。此法适用于一切健康人，更适用于高血压、肝硬化、无浮肿的肾炎和无心功能不全的各类心脏病患者。

● 食盐计算法

要检查家人食盐摄入是否超量，可计算每天食盐摄入量。

有一个简便易行的家庭计算方法：买 500 克碘盐，记住开始用它到用完的日期，计算天数，用 500 克除以天数，再除以家中就餐人数，便可大致算出每人每天的用盐量。如用盐量超标，需减少每日用盐量。

白糖、红糖、冰糖各有不同

去超市买糖的时候，总会看到各种各样的糖，如白糖、红糖、方糖、冰糖、片糖等。它们有什么不同？功效有差别吗？下面我们就这些常见的糖类作简单盘点。

白糖，即白砂糖，是最常见的食糖，其甜味纯正，蔗糖含量较高，其他物质含量较少。

红糖是没有经过高度精炼的蔗糖，含各种矿物质元素，如钙、镁、磷、铁等，容易变质。

冰糖则以白砂糖为原料，经过再溶、重结晶而制成，品质纯正，不易变质。

方糖是用晶体尺寸适当的精制砂糖与少量精糖浓溶液压制而成，其特点是可在水中快速溶解。

片糖分红片糖、黄片糖和冰片糖。前二者是直接用蔗汁提纯、浓缩，然后按外形要求制得。冰片糖的原料是制造冰糖以后的结晶母液，因而更加纯净。

从中医功效而言，白砂糖性平，可日常食用；红糖性温，可温脾健胃、温经止痛；冰糖性凉，能清热解毒、润肺止咳。在日常烹调中，可根据个人体质来选择，若体质偏寒，可多选用红糖，反之则选用冰糖。冰糖常用于治疗咳嗽。而且由于加工时未加酸液，故适合胃酸过多者。

糖的包装打开久了，糖受潮后会变硬，食用时非常不方便。可以把糖放进玻璃器皿里，再放在微波炉中，选择解冻，然后“叮”两分钟，糖就会重新变软，效果非常好。

黑糖，并非越黑越好

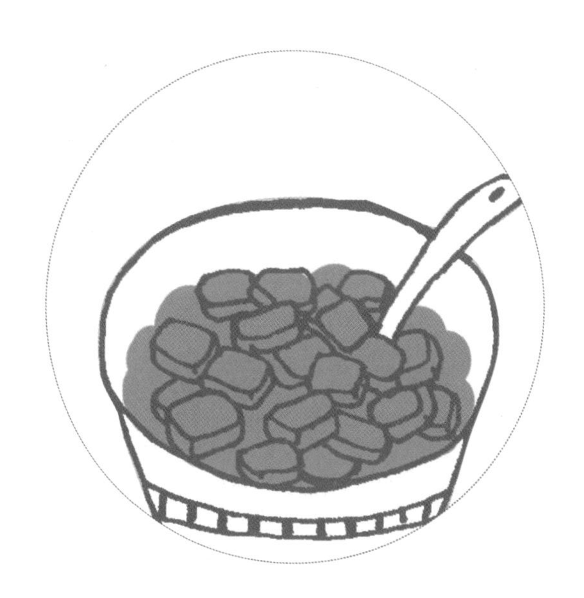

去我国台湾或日本旅游，伴手礼少不了黑糖食品，黑糖指的是颜色比较深的红糖。有新闻报道，台湾的某杂志测试了 19 个黑糖相关产品，发现均含有致癌物质——丙烯酰胺。黑糖大多用传统工艺制作，不添加任何物质，一向被视为健康食品。那么，这些致癌物到底从何而来?

● 颜色越深，丙烯酰胺越多

黑糖的传统制作方法是将甘蔗榨汁去除杂质后，用小火熬煮几个小时，不断搅拌使糖的浓度逐渐增高，液体冷却后即凝固成块状的红糖砖。黑糖的颜色较红糖的深，是因为其熬煮时间比红糖的长。

而丙烯酰胺的产生，皆因食物中的碳水化合物（淀粉、糖）或脂肪与蛋白质在高温条件下发生“美拉德反应”。该反应能赋予食物香气与深浓色泽。肉眼所见的效果是颜色变深。这也意味着食物的颜色越深，美拉德反应越厉害，产生的丙烯酰胺也越多。

● 放心吃，但不能放开吃

目前，尚无研究证实丙烯酰胺摄入量与人类癌症的风险相关。所以，还不能说只要摄入丙烯酰胺，就一定会增加人类的致癌风险。

其实，黑糖与白糖相比，营养更丰富。不过，虽然黑糖含少量钙、铁等微量元素，但仍要控制每天摄入量。世界卫生组织建议每天摄入的添加糖（包括红糖、白糖）量，最好限制在 25 克以下，最多不能超过 50 克。

另外，买黑糖时不要一味追求颜色黑和香气重，色泽偏淡的红糖也具有同样的营养成分，丙烯酰胺含量还大大降低，更为健康。

三种味精自家制

鲜，是人们对烹调的一种追求。于是，既方便，又能明显提鲜的味精就成了大家的厨房必备品。炒菜或煲汤的时候，不放味精或鸡精，总感觉少了鲜味儿。有没有一种既美味又健康，吃起来还没有心理负担的“健康调味料”呢？其实，用天然的食材做调味料，味道比含添加剂的人工调味料还要好。

● 香菇味精

干香菇（150 克），擦掉表面浮灰后（千万不要用水清洗），用手掰成小块儿，放入搅拌器里打碎成粉末，放入密封瓶中保存即可。

用法。香菇粉可以放入各种汤里，还可以用于各种炒菜和咸菜的制作中，用来代替味精，用量约为 1/2 茶匙（3 克）；在做饺子、包子、肉饼馅时可以多添加一些，味道非常好。

● 紫菜味精

将紫菜(约100克)用剪刀剪成小块儿，放入搅拌器里打碎成粉末，放入密封瓶中保存。千万不要使其进水或受潮，否则会成团，没法使用。

用法。紫菜粉可以放入各种汤里和炒菜中，味道非常鲜美，用量大约为1茶匙(5克)。

● 小鱼味精

将干的小银鱼(约200克)去掉内脏，放入锅中，用小火慢慢炒干，炒出的杂质倒掉不要。待炒好的鱼自然冷却，放入搅拌器里打碎成粉末，转至密封瓶中保存。

用法。这款味精可以放入海带汤、大酱汤、海鲜汤等中用来提味，用量根据自己的喜好，约为1/2茶匙(3克)。

自制味精要吃得美味又安全，在工艺上很有讲究。首先，一定要把原料洗干净。其次，要把原料晾干或炒干，完全去除水分，否则，在含有水分的条件下，原料中含有的蛋白质、脂肪等容易滋生细菌，导致味精变质。做好的味精对保存条件要求也很高，为避免吸潮变质，一定要放在密闭的容器内，储存在阴凉干燥处，也可以保存在冰箱里。自制的味精容易变味、变质，存放时间不宜太长。因此，每次不要做得太多，一两个月的量就足够了。

另外，自制的味精含有盐分，因此，使用自制味精烹饪时还要注意控盐。

煮妇聊天室

话题：怎样将土豆快速变成泥状？

我想做土豆泥，可是去皮切块后蒸了 40 分钟还是压不软，怎么办？呜呜呜……

有两招！一个是用高压锅蒸，一个是用微波炉。

微波炉也可以？怎么做？

很简单！将土豆切成小块或片状，碗里加点水，盖上盖子叮 5 分钟就 OK 啦！

我每次做的土豆泥都有土豆块，压泥有什么窍门吗？

网上有卖专门的土豆压泥器！土豆蒸熟后去皮，用它压扁整个土豆，来回压几次就轻松成泥了。

这招方便！

还有，土豆有“脆”的和“面”的两种，买的时候要问清楚！想成泥，得买“面土豆”哦。

咖喱其实是“酱”

咖喱(curry),起源于印度。咖喱一词为印度南方语言——泰米尔语 Kari 的译音。古代南亚地区气候炎热潮湿,不但易使食物腐败变坏,往往也让人食欲不振。往食物中加入香料,除能使食物保存更久之外,还能增加食物的色香味。古印度人为了增进食欲,便以各种不同的香辛料佐菜以开胃。经过长时间的发展,具有独特香气而味重的咖喱便流传了下来。

印度语中,咖喱就是“许多香料放在一起煮”。

实际上,咖喱是一种以姜黄为主料,另加入一些产于热带和亚热带的香辛料熬煮而成的复合调味料。可用于制作咖喱的香料有很多,常用的有丁香、肉桂、茴香、孜然、芥末子、黑胡椒、辣椒等。

咖喱有咖喱粉和咖喱膏(酱)之分,前者易于运输和保存,后者可直接用于菜肴烹制,缩短成菜时间。相对于咖喱粉,咖喱酱使菜肴的色香味更佳。

如今，咖喱已从印度走向了世界各地。然而，不像可口可乐有着复杂固定的配方，咖喱的制作并没有标准化的配方和食谱，可以根据喜好随意调制。正因为如此，不同地域的咖喱种类各不相同，即使是同一地区的咖喱，口味也不完全相同。

● 地域特色

咖喱若以产地来划分，则有印度咖喱、越南咖喱、泰国咖喱、马来西亚咖喱和日本咖喱等。各国咖喱具有地域特色。

印度咖喱——一般不用椰浆来减轻辣味，味道辛辣、浓郁。

越南咖喱——以清淡为主，味道因椰浆作为主要调味料而偏甜。

泰国咖喱——以红、绿、青色咖喱常见。红咖喱由于加入红辣椒酱，味道较辣。泰式咖喱常额外加入香茅、鱼露、月桂叶等香料，味道别具泰式风味。

马来西亚咖喱——常用罗望子、香芋等做配料，味道辣中带清润。

日式咖喱——具有本土特色，味道温和甘甜。

● 颜色区别

咖喱不仅味道富于变化，颜色也十分夺目，被称为“五色咖喱”。目前，市场上的咖喱主要有红、黄、绿、白等颜色的产品。

红色咖喱——以辣椒为主料，也可以加入藏红花。辣味较重，香味浓郁。

黄色咖喱——内含椰浆，微辣。由于加入了香茅、鱼露、月桂叶等香料而味道醇美。

绿（青）色咖喱——在所有咖喱中最辣，由于加了芫荽和青柠皮等材料，故颜色呈青绿。

白色咖喱——无辣而微酸，在调制时加入了奶油，气味清香。

一般来说，烹调鸡肉、牛肉、羊肉多用黄色咖喱，烹调海鲜常用红色、黄色或绿色咖喱，烹调绿色蔬菜则常用绿色咖喱。

咖喱的辛辣能够促进唾液和胃液的分泌，增加胃肠的收缩运动，增进食欲。咖喱的刺激性还能促进血液循环，加快人体新陈代谢，从而发汗退热。在南国的湿热天气里，吃完咖喱后往往大汗淋漓，但是过后反而会觉得清爽不少。

吃陈醋，也要关注保质期

食物都有保质期，不过不少人认为醋是没有保质期的，坚信“越陈越好”。

根据我国《食品标识管理规定》，有四类食物可以免标保质期，分别是乙醇含量10%以上的饮料酒、食醋、食用盐、固态食糖类。然而，在超市醋品货架上查看不同种类食醋的保质期，会发现有2年、3年、5年不等，还有极少量的没有标注保质期。

根据食品工艺和酸度的不同，市场上的醋可分为两类。

一类是酸度在4.5度以下的醋。这类醋并非按照传统工艺酿造，会滋生微生物。厂家一般须添加苯甲酸钠等食品防腐剂为其保质，这类醋须标明保质期限。

另一类是酸度在4.5度以上，不含任何防腐剂的醋。这类醋即使不加任何防腐剂，也能久放不坏，一般不用标注保质期。

凡是标注保质期的，应该在保质期内食用。而没有标注保质期的老陈醋，虽然理论上可长期保存，但毕竟家里的存放条件与醋厂的差别很大，即使是未开封的食醋，随着温度等条件发生变化，醋的质量也会受到影响。如发现食醋变得浑浊、有沉淀物、口感异常，就不宜再食用了。

妈，这醋才用了一丁点，后天就过期了。以后还是买小瓶装的吧！
醋
1

胡说，醋越陈越好，哪会过期的！
这写着保质期呢。
2

其实，酸度不够的醋容易滋生微生物，所以有保质期限，就算老陈醋够酸够耐放，放在厨房这种烟熏火燎的地方，也容易变质……
你有完没完？
不耐烦
3

妈，你总不想吃坏妞妞的肚子吧？
……
坏笑……
惊！
4

开饭啦，快来吃！
来啦！
醋溜土豆丝
醋焖鸡
糖醋鱼
醋渍白萝卜
晚上……
糖醋排骨
5

今天的晚餐真丰盛呀！
唉，都怪我多嘴。
空空如也。
6

选对食材

——看“颜值”，也看内涵

买好米，有“四字经”

有一些在街边或小区门口摆摊兜售的大米，躲过了正规商场进货验收的检查环节，直接来到消费者跟前。因为方便，因为便宜，买的人还不少。

但这里头隐患多多。

陈米翻新，是其一。陈米因放置时间太长，可能含有黄曲霉毒素，有极强毒性，再加上一些商贩采用工业矿物油抛光、吊白块漂白，毒性更强，有损身体健康。

其二，还有黑心商家把大米“装扮”得五颜六色：绿色的叫“竹香米”，黄色的叫“胡萝卜米”，好像真能闻到竹香，或加了胡萝卜制成的。事实上，让大米有了色彩的，是色素，吃多了可能对身体有害。

辨别好大米的方法如下。

● 看：半透明最佳

好的大米颜色青白，呈半透明状，大小均匀，光滑饱满。差一些的大米呈白色或淡黄色，有大有小，透明度不好。而陈米的颜色就更糟了，暗淡发黄，没有光泽。另外，好大米的裂纹和斑块都很少。

● 摸：手上沾有白粉末

将手插入米堆里感受一下：好的大米摸起来凉凉的，又硬又滑；质量差的大米易碎，用手一捻就成粉；陈米则手感发涩。摸过好大米，手上会有一层白色的粉末，对着粉末轻轻一吹，就能把它们吹跑。如果摸的时候有油腻感，手上沾的粉也吹不掉，那十有八九是遇到了用矿物油抛光的陈米。

● 闻：味道要清香

取一些大米捧在手里，再对着手中的大米哈气，之后马上将鼻子凑近闻气味。如果闻到清香味，说明这大米是好大米；如果闻到霉味、酸臭味或其他不正常的气味，就一定不要买。

● 泡：有油花，不能吃

回家后，不妨抓一小把大米在清水里浸泡，若水面上冒出油花，说明这大米被黑心商家处理过，不能吃。

楼下的米店说这一袋是自家种的好的大米，挺贵呢！我们今晚吃吃看！
大米好不好，验验就知道啦！
得意
1

好的大米颜色青白，半透明，大小均匀……呃，你买的这袋大米的颜色有点发黄了呀。
怀疑
2

伸手插进去的话，好的大米是凉凉滑滑的，还会有细小的粉末沾到手上。
没有粉末呀！
3

还有一个办法：好的大米像这样吹一口气，能马上闻到清香！
闻不到呀！
4

最后一个办法是把大米泡水里，会漂油花就可能是黑心商家的加工米！
呃，越听越糟心！
郁闷……
水？
5

呜哇！不是这样啦！
姥姥！我来帮你验一下！
惊慌！失措！
6

选西红柿，“挑软怕硬”

催熟番茄只中看，多吃伤人毒不浅。

一看二摸三口尝，色杂质软味酸甜。

市场上常有一种很奇怪的西红柿，做菜吃，味道还过得去。生着吃，却难吃得下不了口。有人管这种西红柿叫“菜番茄”，还说是为炒菜研制出的“新品种”，真是这样吗？

●“菜番茄”，催熟的

“菜番茄”并不是什么新品种，煮熟了吃，也没比一般的西红柿好吃到哪儿去，它其实是用催熟剂催熟的西红柿。

自然成熟的西红柿，保存时间短，又软又容易破，经不起长途运输的颠簸。所以，大部分西红柿只能在本地采，本地卖。

要想把西红柿卖到比较远的地方，就必须在它还是青色的时候就摘下来。如果到了目的地，西红柿还没有变红，商贩们就会使用催熟剂，强迫西红柿提前变成红色。

而且，未成熟的西红柿里含有大量的毒性物质——番茄碱（又称龙葵碱）。番茄碱吃多了，人就会中毒。中毒者会感到嘴里发苦，还会头晕和恶心。因此，挑番茄别马虎。

● 看：别买“黑果蒂”

催熟的西红柿和自然成熟的，虽然都是红色，但在外观上还是有差别的。通常，催熟的西红柿果皮发暗，颜色均匀，果蒂（即西红柿凹进去的地方）发黑。自然成熟的西红柿果皮发亮，颜色分布不均，可能有的地方红，有的地方绿，果蒂也是红绿相间。

另外，催熟的西红柿通常都没有籽，就算有，籽的数量也很少，而且颜色还是绿色的。成熟西红柿的籽应该是土黄色的。

● 摸：只选“软柿子”

真正成熟的西红柿捏起来是软的。只要摸起来很硬，不管这西红柿是红还是绿，基本可以断定它还没成熟。这样的西红柿买回家不要急着吃，可以放几天，让它自然成熟。买回家后放一放，还能让西红柿外皮上的催熟剂多挥发一些。

● 尝：酸甜味才对

催熟的西红柿吃起来没有什么味道，果肉发硬，口感发涩；自然成熟的西红柿汁水丰富，酸甜可口。

摸一摸，揪出“染色鱼”

鱼鳃越红，鱼越新鲜？生蹦乱跳的鱼一定很鲜活？当心被“染色鱼”“柴油鱼”“洗衣粉鱼”骗了！

“染色鱼”经常作为冻鱼卖，鱼和水冻在一起，身上盖着厚厚一层冰，买鱼的人就摸不到鱼身。同时，因为冰会反光，鱼的颜色看起来反而比鲜鱼更鲜亮。

很多人买鱼时会看鱼鳃，觉得鱼鳃越红，鱼越新鲜。黑心商贩抓住了大家的心理，用红的色素给鱼鳃染色。这样处理过的鱼，即使发臭了，鱼鳃也是鲜红的。将这种鱼冻起来，不管保存多久，鱼看上去都新鲜如初。

有些鱼贩用食用色素为鱼染色，还有一些鱼贩往鱼身上抹工业染料。吃了用工业染料加工的鱼，人有可能会得急性肠胃炎，上吐下泻。吃的时间长了，还有慢性中毒的危险。

除了“染色鱼”，还要警惕“柴油鱼”和“洗衣粉鱼”。

什么是“柴油鱼”？有黑心商贩往鱼池里添加柴油。这样，水里的空气少了，呼吸困难的鱼就会使劲游动，看上去特别鲜活。“洗衣粉鱼”就是喷过洗衣粉液的鱼。黑心商贩先把鱼浸泡在甲醛溶液中，防腐保鲜，再往鱼身上喷淋洗衣粉液，确保鱼外形完整、颜色鲜亮。

“柴油鱼”让人呕吐，还会影响肠胃的正常功能。洗衣粉含有活性剂、软水剂、漂白剂等有害物质，甲醛可能有致癌作用，“洗衣粉鱼”的毒性可想而知。

辨别染色鱼的方法如下。

● 摸：“染色鱼”会掉色

“染色鱼”的颜色容易脱落，可用手摸一摸。如果掉色，则为染色鱼。染料和色素容易渗入鱼肉，如果鱼肉也有颜色，那么肯定是染色鱼。

● 闻：有柴油味、甲醛味

“柴油鱼”有淡淡的柴油味，“洗衣粉鱼”因为经过甲醛溶液的浸泡，会有甲醛的刺鼻味道。

● 看：重点看鱼眼、鱼鳃

新鲜的鱼，眼睛很干净，是凸出来的；不新鲜的鱼，眼睛不凸，还很混浊。新鲜的鱼，鱼鳃是粉红色或红色的，闭得很紧，里面没有脏东西；不新鲜的鱼，鱼鳃发灰发紫，散发着腥臭味。如果发现鱼鳃是褐色或灰白色，就不要买了。

如果买的是冷冻鱼，除了观察鱼的眼睛，还要仔细看鱼身。质量好的冷冻鱼，鱼身泛着自然的光泽，身上很干净；质量差的冻鱼，往往不那么干净，鱼体也没什么光泽。

煮妇聊天室

话题：菜板异味大怎么办？

LILY：呜呜呜，家里的菜板用久了有股怪味，怎么洗都去不掉，怎么办啊？求助！！

宝妈：同求助！尤其切完肉，味道很大！

健康煮妇：哈哈，你问对人了！用洋葱和生姜擦一遍菜板，再用热水刷洗就没有味道啦。

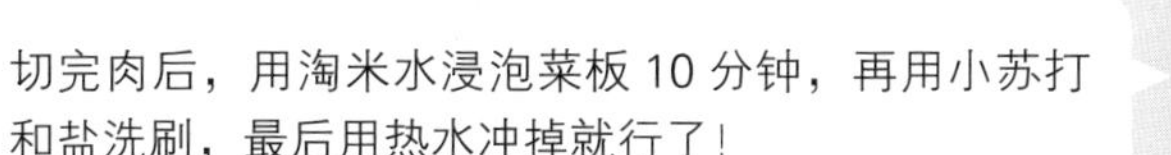

健康煮妇：切完肉后，用淘米水浸泡菜板 10 分钟，再用小苏打和盐洗刷，最后用热水冲掉就行了！

小燕：听说用白醋也可以去味？

健康煮妇：没错！白醋是居家神器，每次用完菜板后喷点白醋上去，放置半小时后再冲洗，不仅能除味，还能杀灭菜板上的残留细菌哦。

LILY：太好了！我现在就去刷菜板！谢谢姐妹们！

宝妈：我也去刷菜板了，嘻嘻嘻！

简单三步，“翻新”“老土豆”现原形

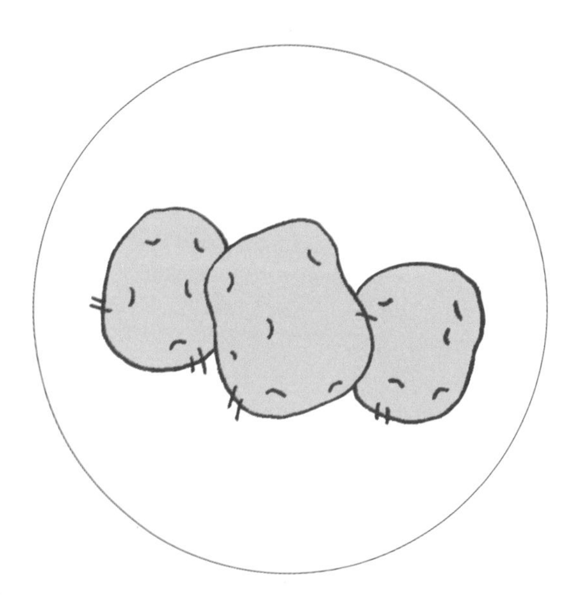

众所周知，发芽的“老土豆”不能吃。但是，有的黑心商贩将发了芽的“老土豆”“翻新”，这就要留个心眼了。

原来，土豆储存久了，加上气温高，容易变青发芽。大家都知道发芽的土豆含有龙葵素，吃了会中毒，自然不会买。于是，黑心商贩将“老土豆”放进一种机器里，机器的铁毛刷两三下就刷掉了“老土豆”上的芽。之后，再将“老土豆”放到漂白剂、防腐剂——焦亚硫酸钠溶液中泡一泡，“老土豆”就变得鲜亮，宛如新土豆，还能防止继续变质。

“老土豆”“翻新”，翻的只是外表，并没有去除发芽时产生的龙葵素。一口气吃掉 200 毫克龙葵素，也就是半两左右的发芽土豆，人就可能中毒,表现为喉咙发痒,接着腹痛难忍,上吐下泻。翻新时使用的焦亚硫酸钠有致癌风险,而它的残留物二氧化硫,还会腐蚀呼吸道。

辨别“翻新”“老土豆”的方法如下。

● 一看：孔深的土豆要当心

通常,新土豆上的孔要浅一些,“老土豆”上的孔则要深一些,而翻新并不能改变土豆身上孔洞的深浅。如果土豆看起来很新,孔却比较深,就要当心。

● 二掐：硬硬的土豆不能买

用手掐一下土豆,如果有汁液渗出来,说明土豆是新的。如果没有渗出汁液,土豆看着又很新,就很可能遇到了“翻新”“老土豆”。“翻新”“老土豆”虽然在特殊溶液中泡过,水分还是很少,掐起来硬硬的,没有弹性。

● 三搓：不掉皮的土豆危险

新土豆的皮比较薄,搓搓就能掉,“翻新”“老土豆”皮厚斑点多,不易搓掉皮。

“坏蛋”煮后现原形

有这么一种神奇的鸡蛋，被称为“乒乓球鸡蛋”，这种鸡蛋的蛋黄比正常鸡蛋的结实得多，用手捏捏，感觉像在捏软糖；放到嘴里嚼嚼，就像在嚼塑料膜，嘎吱嘎吱的，嚼不出蛋味。

要是把蛋黄直接往地上砸，不但不会碎，还可以弹起来……

实际上，“乒乓球鸡蛋”是一种“异常蛋”。它之所以异常，和它的来源——鸡有关。

市场上的鸡蛋，大多出自专门养来产蛋的鸡。这些鸡本来是吃含豆粕的饲料长大的。为了节省成本，有的饲养者用棉籽粕代替豆粕。棉籽粕并不是理想的饲料原料，其中含有的游离棉酚和环丙烯脂肪酸是造成鸡蛋异常化的罪魁。

它们进入母鸡体内，再进入到鸡蛋中，将蛋黄中的脂肪酸转化成硬脂酸，把好端端的鸡蛋变成了“乒乓球”。对于“乒乓球鸡蛋”，人们要有"扔掉不吃"的决心，特别是男士。因为"乒乓球鸡蛋"中的游离棉酚是"杀精利器"，会损害男性的生殖能力。

通常，人们买鸡蛋一次就买一兜子。鸡蛋买回来，可以先挑两个煮煮看。像"乒乓球鸡蛋"这样的"坏蛋"，都是在煮过后现原形的。打散了做汤或是摊开来炒，都不容易发现。

坏鸡蛋的种类有很多，不止"乒乓球鸡蛋"。平时买鸡蛋，可以通过如下小窍门来辨别。

● 对着光线看一看

好鸡蛋和坏鸡蛋在灯光下是不一样的。好的鸡蛋对着光时呈半透明状，略微带着些红色，且能够清楚地看出蛋黄的轮廓。差些的鸡蛋即使对着强光，也依然透不出光，看起来很昏暗。

● 摇一摇，听听声

在耳朵附近轻轻地摇一下鸡蛋。好鸡蛋摇起来没有声音，坏鸡蛋摇起来能听到水声。

● "好蛋"粗糙，"坏蛋"光滑

好鸡蛋的蛋壳颜色鲜明，摸起来粗糙；坏鸡蛋的蛋壳颜色发黑，摸起来光滑。有的坏鸡蛋上还会有红色或黑色的霉点。

爱吃皮蛋，选无铅的

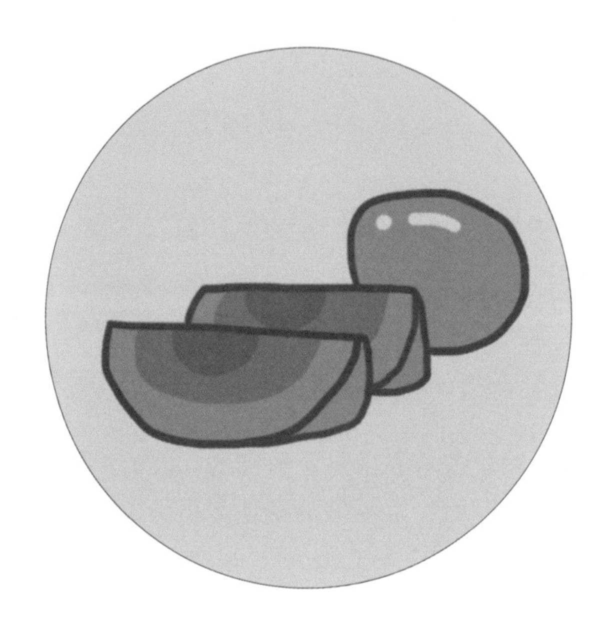

外国人看不懂皮蛋这种食物，美国有线电视新闻网甚至将皮蛋列为"全球十大最恶心食物"榜首，可这丝毫不影响我国人民对皮蛋的喜爱。

皮蛋瘦肉粥、皮蛋拌豆腐、三色蛋都是我们喜欢的传统美食。但是，都说皮蛋含铅高，不能多吃，是这样吗？

● 皮蛋是鸭蛋腌制的

皮蛋又叫松花蛋、变蛋，早在我国汉唐时期就已经出现。它是在鸭蛋壳的外面裹上以生石灰（氧化钙）、火碱、盐、黄丹粉等混合成的稀泥后腌制而成。

鸭蛋的蛋壳虽然看上去挺坚硬，但是它的表面其实有很多小小的气孔。

制作皮蛋时，灰中的金属离子会穿过这些小孔进入鸭蛋的内部。而灰中有碱性的氧化钙会增加鸭蛋内的 pH。一段时间后，蛋白部分会变成凝胶状，而蛋黄部分也凝固变色，形成了我们爱吃的皮蛋。

● 皮蛋还是有营养的

鲜蛋含有丰富的蛋白质，还有一些脂溶性维生素，如维生素 A、维生素 E。那么，皮蛋的营养价值如何？

在皮蛋制作过程中，蛋白质的形态变了，不过蛋白质的量几乎没有减少，所以，不影响人们补充蛋白质。皮蛋的脂溶性维生素损失也不多，本身所含的矿物质几乎也不会损失。

所以，皮蛋还是有一些营养的。

● 现在多是无铅皮蛋

说皮蛋含铅，不宜多吃，是不是真的？

传统皮蛋的重金属铅的风险确实比较高。因为制作过程中会用一种叫作铅丹的物质，这种物质中的铅含量比较高。如今，皮蛋制作工艺已经改良，现在的皮蛋制作中已不再使用铅丹。

2010 年，我国正式批准硫酸铜作为皮蛋的加工助剂，自此，“铅丹皮蛋”退出历史舞台，正规的皮蛋基本都是无铅皮蛋了。

无铅皮蛋中的铅含量下降了很多。大企业规模化生产的皮蛋，基本上可以将铅含量控制在 0.1~0.2 毫克。所以，只要是正规途径购买的皮蛋，正常食用不需担心摄入铅过量。

● 别买散装皮蛋

尽管如此，总有些小企业、小作坊生产的皮蛋并不规范，他们生产的皮蛋，铅超标的概率还是较高，如农贸市场的散装皮蛋，铅超标率为10% 左右。摄入过量的铅，会危害神经系统。而且，铅没有“安全摄入量”的标准，我们要尽可能降低铅摄入量。所以，还是要挑选放心的皮蛋。

● 如何挑选皮蛋

建议去正规的市场买皮蛋，尽量不要买散装皮蛋，尤其是散装鸡蛋做的皮蛋。

● 皮蛋中钠含量高，不宜多吃

不过，这并不意味着可以肆意吃皮蛋，因为鸭蛋做成皮蛋后，会增加不利健康的成分。

制作皮蛋时，外面碱性的金属离子发挥了很大作用。但是，其他的离子也会通过蛋壳进入蛋内，这其中就可能有不利健康的金属离子，例如钠，因为腌制会用到火碱，皮蛋中的钠含量很高。

所以，皮蛋和咸鸭蛋一样，都不利于控盐饮食，吃了皮蛋，其他菜就要少放点盐。

煮妇聊天室

话题：怎样有效去除鱼腥味？

姐妹们！有些鱼怎么做腥味都去不掉，真影响口味啊，有什么好办法吗？

用牛奶！炖鱼时放点牛奶可以去除腥味。炸鱼的话，先把鱼肉放在牛奶中浸泡一会儿也可以去腥提鲜。

还可以用酒。例如，煮带鱼前，先用白酒腌一会儿鱼肉，腥味就没有啦。

……呃，家里没有白酒，红酒行吗？

当然！用红酒腌鱼也能去腥，还带点红酒香味呢。

还有一招！烧鱼时放点橘皮也可以去腥味！

没错！加了橘皮后鱼也会很清香哦。

好耶！刚好家里有橘子，晚餐做给家人吃。

个头大的菜，激素催的?

“激素”二字刺激人的神经。甚至有偏激言论:“吃东西就像在吃激素。要不你看,以前吃的菜、水果、畜禽个头都没现在的大。”

● 用激素，本是为提高产品品质

激素,本指由动植物自身产生的,对生命活动起调节作用的微量有机物,也叫内源性激素,一般不会对人体造成伤害。

我们担心的是激素类似物——大多为人工合成,或具有激素样作用的物质。严格意义来讲,它们不能叫激素,但大家习惯称之。

农作物、畜牧业要用激素,是为了生活的需要,提高产品品质,合理使用并不可怕。例如,将海南的香蕉运往内陆城市时,需要提前采收,未熟的香蕉需要乙烯催熟；为了防止枝叶徒长，“只开花不结果”，需要用矮壮素。

● 植物激素类，无法作用于人体

蔬菜、水果个头大的原因很多，如充足的光照、不一样的品种都有可能。

当然，也有可能是合理施加了激素。但合理的激素使用，是没有必要过分忧虑的。

植物激素多起调节植物生长的作用。其调节作用仅限于植物，不会作用于人，也就不会让人“膨大”、催人早熟等。再说，因为植物激素作用于植物，用量过大，最先受伤而“内分泌”失调的，应该是果蔬本身——变成味道奇怪、形态怪异的水果、蔬菜。想必这样的东西你不会常买。

在我国，植物生长调节剂作为农药管理，毒性一般为级别最低的微毒或低毒。只要按照要求使用，微量残留都不会对人体造成伤害。

可以换一种表述方式：果蔬上的过量农药残留对人体是有害的。注意，是过量残留。

消费警示：①如果担心激素，最好别买形态怪异、味道奇怪的水果和蔬菜。②蔬菜、水果用流水充分冲洗干净。

● 动物，非法激素添加惹祸

以进入餐桌为目的圈养的畜禽是不可能享用生长激素的。因为，生长激素价格不菲。

再说，生长激素本质为蛋白质，食用后将在我们消化道里分解成氨基酸，没有发挥作用的可能。

首先，现在畜禽之所以长得快，主要是因为集中养殖饲养更科学、配方更合理。例如，《饲料添加剂品种目录（2013）》里，均不含我们所担心的激素。动物们的“营养餐”主要含有氨基类、维生素类、矿物元素类、酶制剂类、微生物（如双歧杆菌）、食品用香料等。

其次，新品种的引进让我们一时难以接受，白羽鸡和瘦肉型猪就是典型例子。

当然，不排除一些人为了加快动物的生长速度，增强其抗病能力，违规使用一些固醇类性激素与抗生素类药物，如氯霉素、克伦特罗（瘦肉精）等，它们均禁止使用。

对于这种行为，我们除了指望从业者的良知和监管部门加大监管力度，能做的毕竟有限。因而，人们对肉产品的担忧在情理之中。

消费警示：大家在购买肉类产品的时候，选择信誉度较高的商家，以保障货物来源渠道。

尽量少吃动物内脏，不仅可以降低胆固醇，还可以适当减少药物残留造成的危害。固醇类激素是脂溶性物质，在肥肉里残留较多，少吃肥肉也是一个好办法。

机智买肉，避开“致癌物”

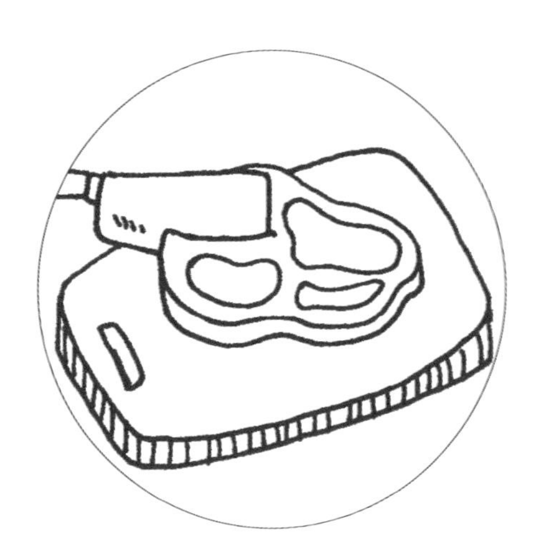

2015 年年底，世界卫生组织下属的“国际癌症研究机构”发布报告称，加工肉类属于 I 级致癌物，从此，与烟草、酒精、甲醛、砒霜、黄曲霉毒素、乙肝病毒等 100 多种物质为伍。此消息一出，加工肉制品瞬间成了“罪人”，让人谈之色变。

看了这则新闻，有些人慌了：“什么是加工肉？我们自己家做的酱牛肉、红烧肉、风干肉属于加工肉吗？”

● 有“亚硝酸钠”，才叫加工肉

加工肉制品主要指市售的经过盐腌、腌渍、烟熏、发酵以及其他方法来改善风味和延长保存期的肉制品。常见的有培根、火腿（肠）、热狗（法兰克福香肠）、灌肠、咸肉、腊肉、熏肉、腌牛肉、肉干以及肉罐头、肉酱等，还有些餐馆、路边烧烤摆的呈粉红色的肉，也属此类。

它们有个共同特点，就是都需要用亚硝酸盐或硝酸盐（通常用的是亚硝酸钠或硝酸钠）进行腌渍。

亚硝酸盐是国家允许使用的一种食品添加剂。除了保持肉类的“颜值”（可以保持肉类诱人的粉红色），它还有防腐抑菌的作用，尤其是对抑制肉毒梭菌贡献卓著，目前，还没有其他物质能替代它。

而我们自己家烹饪的各种肉类美味菜肴，在制作的时候并没有用亚硝酸盐或硝酸盐进行腌制，就不算是加工肉制品。

若是分辨不清，买肉制品时就看看食品标签，加工肉制品的标签上大多会有食品添加剂硝酸钠或亚硝酸钠，尤以亚硝酸钠使用居多。

● 亚硝酸盐是致癌“嫌犯”

让加工肉成为“罪人”的是亚硝酸盐。

亚硝酸盐本身没有致癌性，却是一种潜在的致癌物，让我们担心的是由它转化合成而来的 N– 亚硝基化合物——一类毒性和致癌性很强的物质，最常见的就是亚硝胺，这位才是致癌风险增高的“幕后推手”。

加工肉类时，先是一部分亚硝酸盐转变成亚硝基，再与肉类中丰富的蛋白质分解产物结合，形成 N– 亚硝基化合物。80% 以上的 N– 亚硝基化合物能对动物诱发出肿瘤，尤其增加胃癌、结直肠癌的风险，且对前列腺癌、胰腺癌、乳腺癌等的风险也有促进作用。

亚硝胺确实不是好东西，但偶尔吃一两次加工肉无须太过惊慌。

教你三招，远离毒粉丝

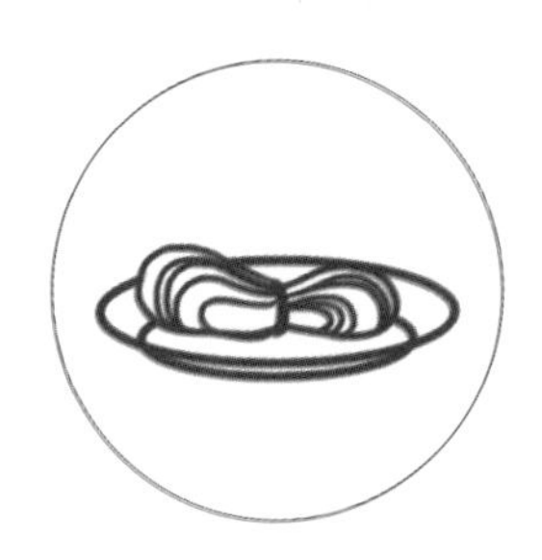

粉丝、粉条最怕的是煮烂了，影响口感。在街边贩卖的很多煮不烂、嚼不断的粉条，别以为这是好东西，它可能是违规添加了明矾。

曾有新闻报道，有人吃了米线后食物中毒，上吐下泻，还有浑身抽搐，经送检后发现，米线里含有大量明矾。明矾摄入过量，轻则引发贫血、骨质疏松，重则会导致提前脑萎缩、痴呆等。我国食品安全国家标准规定，不允许在粉丝、粉条中使用明矾。

粉丝是否添加了明矾，如何分辨？

● 以次充好的粉丝，才加明矾

其实，品质好的米线、粉丝和粉条，本就该是不容易煮烂的。常见的原料包括绿豆、马铃薯、红薯等，其直链淀粉含量较高，无须添加明矾就可以口感良好、弹性好、煮不烂。

那么，明明可以直接获得久煮不烂的高品质产品，为什么不法商贩还要添加明矾？

这是因为，很多商家并没有选用传统的原材料，而是为了节约成本选择价格更低廉的原料，如用其他豆类来冒充绿豆，用木薯来代替红薯，或是劣质淀粉和优质淀粉相混合来制作，但是，这些原料往往不耐煮，于是不法商家就添加了明矾，达到久煮不烂的效果。

● 颜色发白不一定是毒粉丝

那么,有什么好方法能够将优质粉丝和毒粉丝区分出来?

网络上有很多辨别"明矾粉条"的方法,其中一个方法是通过颜色来辨别,如颜色发白的就是加了明矾的,而如果颜色发黄就是正宗粉丝。

实际上,由于粉条和粉丝的原材料多种多样,颜色发白、发黄、发青都可能是纯正的产品。

绿豆粉丝颜色洁白光润,在阳光直射下银光闪闪,呈半透明状;蚕豆粉丝虽也洁白光润,但不如绿豆粉丝细糯,有韧性;土豆粉丝色泽较白,也呈微黄色;红薯粉丝一般呈淡黄色或褐色,有些产品甚至会发青;以玉米、高粱制成的禾谷类粉丝粉条色泽淡黄。

● 闻气味和燃烧,也难辨别

既然看颜色靠不住,那么闻气味和燃烧有效吗?

粉丝有霉味、酸味及刺激性气味是不合格产品,但这并不能说明其含有明矾,因为存储不当、过期的粉丝也会产生异味。最关键的是,即使是添加了明矾的产品,也不一定能闻到异味。

至于燃烧法所称的"纯淀粉制品燃烧比较困难,而有添加物的粉条可以燃烧"的说法更不合理,两者燃烧的时候并不会出现较大的差别。况且,在买粉丝时也不能先烧一下看看。

● 精明三招,教你选

看颜色、闻气味和燃烧都靠不住,下面这三招才真的有用。

第一招:查看原料表

相对散装粉丝,有包装的粉丝更有品质保障,上面会有详细的产品信息，原料表上会标注绿豆淀粉（或绿豆）、红薯淀粉、玉米淀粉等。如果含糊地标注豆类淀粉或是淀粉，品质则会差一些，存在以次充好的可能。此外，一般粉条和粉丝的原料是各类淀粉和水，无其他添加剂。

第二招：熟悉不同产品的颜色

想要买色泽较白的产品，建议选择绿豆粉丝或粉条；土豆粉条也偏白，但是不会像绿豆粉丝那样清亮透明；如果喜欢红薯粉条，应该挑选色泽偏黄或发青的产品。虽然不同的粉条色泽有所不同，但是颜色特别艳、特别亮白或发黑的产品最好不要购买。

第三招：选择有口碑的产品

粉条和粉丝作为传统食品，不乏一些传统的生产厂家，选择一些口碑较好、上市时间较长的产品，会更安全、有保障。

买贝类，挑鲜活的

每年6月开始，农贸市场上就会有大量贝类海鲜上市。常见的贝类海鲜有牡蛎、花蛤、扇贝、花甲、贻贝、蛏子、花螺等。

贝类是高蛋白、高微量元素、高铁、高钙和少脂肪的食物，而且还很美味。

但每年到这个时候，因吃贝类海鲜引起的食物中毒事件也是频繁发生。

除了食材、烹饪的因素，还有个原因是贝类受污染严重。

如今，我们的水环境遭到大范围污染，而贝壳类又很容易累积水污染中产生的毒素、重金属等。偶尔吃一次没事，千万别天天当饭吃。我国营养学会推荐每日水产品(包括贝类、鱼虾蟹类)摄入量控制在100克以内。

● 吃错贝类，小心中毒

贝类海鲜肉质鲜嫩,用蒜蓉清蒸或是做成贝类汤,其滋味都鲜美无比。不过,要避免如下吃法,否则无法享受它的美味。

1. 没煮熟就食用

有人认为贝壳煮久就不鲜嫩了,随便烫一下就吃了,殊不知生贝类中可能有副溶血性弧菌、海洋创伤弧菌等病菌。一定要沸水煮4~5分钟,才能避免中毒。生的贝壳类就更不要吃了。

2. 食用死的不新鲜的贝类

由于贝类本身带菌量比较高,加上蛋白质分解又很快,一旦死去,病菌便大量繁殖,而其中所含的不饱和脂肪酸也容易氧化酸败。不新鲜的贝类还会产生较多的胺类和自由基,对人体健康造成威胁。

3. 食用来历不明的贝类

贝类中还含有贝壳毒素,这是贝类生物吃了水中有毒微藻而累积在体内的有机毒素。贝类本身对这些藻毒素产生了抗性,但人类一旦误食了含有藻毒素的贝类,则有可能中毒甚至死亡。

所以,买贝类海鲜一定要在正规经营场所,不要食用来历不明的贝类海鲜,以免误食中毒。

● 选购贝类，要挑活的

要想品尝到味道鲜美的贝类海鲜,选购的时候可得长点心眼,最关键的就是要买还活着的贝壳。一来,活的贝壳味道才鲜美;二来,食用死去的贝壳有中毒的风险。

活的贝类怎么挑呢？方法很简单。

（1）选择半吐出舌头，一碰就缩进去的贝类，这种是活的，而且比较新鲜，肉质鲜美。不要以为开口的贝类就是活的，如果用手触碰了没反应，就表明已经死了很久，不新鲜了。

（2）一般来说，贝壳合得比较紧实的多数是活的，尤其是新鲜的牡蛎、蛤蚌、扇贝和贻贝。但是也不完全如此，买时最好是闻一下气味，如果没有腥臭味，一般是新鲜的。

（3）尽量挑外壳平滑的。相对于外表凹凸不平的贝类，一些外表干净、平滑的贝类表面附着脏东西少，相对污染也少。

有图有真相

一张纸巾验出注水肉

看：注水肉，水淋淋

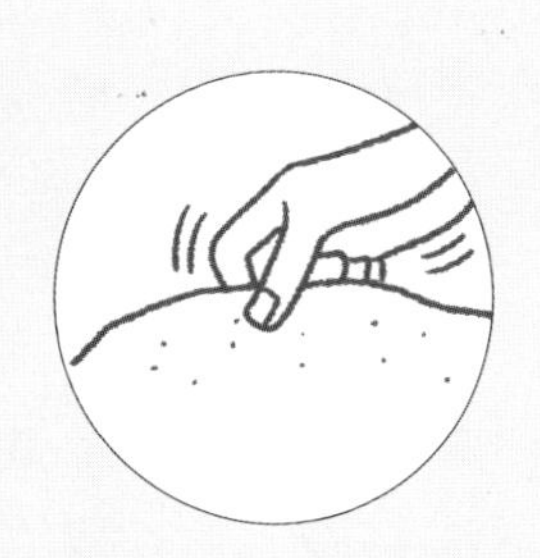

要识别注水肉，主要是看肉的外观。注过水的肉就像被洗过一样，看上去水淋淋的，还有些发亮。正常的猪肉就不是了，颜色有些发乌，肉质也比较干。

别忘了在肉贩切肉的时候观察一下。正常的肉，切开后不会有水流出来，要是流出水了，就基本可以肯定这肉注过水了。

贴：用纸巾，来判断

要是没法从外观上判断，还可以用纸巾给猪肉做个小试验。

试验方法很简单，先将一张干净的纸巾贴在切开的猪肉表面，等到纸湿了之后再揭开。如果是注水肉，纸巾吸的水分多，就不能完整地揭下来，有时还有可能会碎成纸片。而没有注水的肉，纸巾不会完全湿透，基本上可以完整地揭下来，而且因为沾上了猪的油脂，还可以点燃、烧着。

摸：有弹性，是好肉

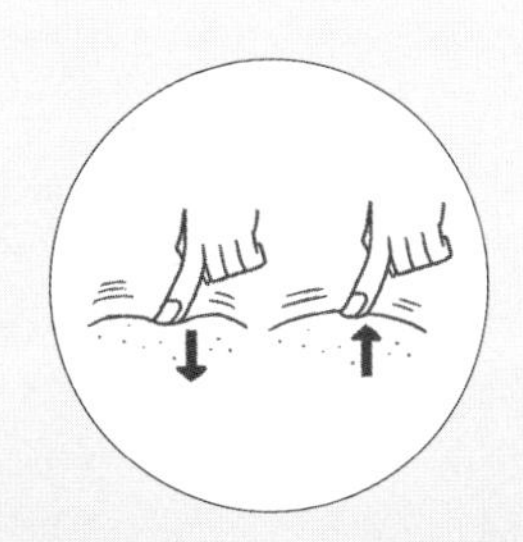

直接用手去摸摸肉，正常的肉既有弹性，又有黏性，而注过水的肉，因为肌纤维遭到破坏，所以既没有弹性，也没有黏性。

买银耳，选“干货”

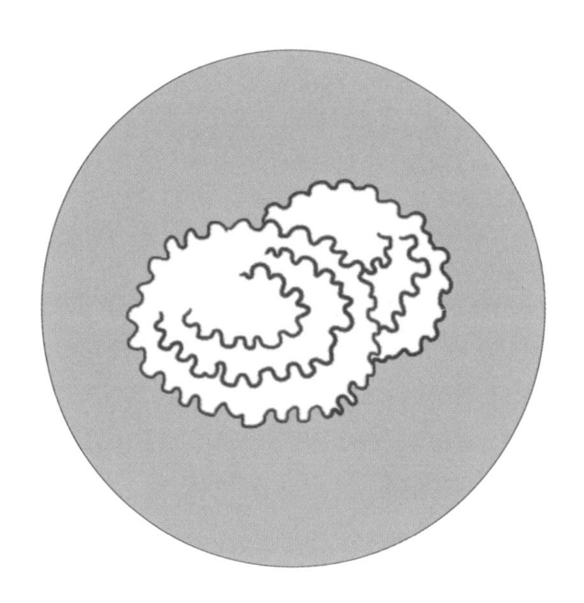

我们常说，食物要吃新鲜的。然而，有些食物，新鲜的反而可能吃不得，如鲜银耳。

国家食品药品监督管理总局曾发出消费提示：食用鲜银耳可能存在安全风险。

万一中毒，没有解药

银耳，俗称白木耳，是一种常见的食用真菌，营养物质丰富，又有较高的药用价值。生活中，大部分人都会买干银耳食用，但仍有人喜欢吃鲜品。

在一些超市的冷藏柜中，就有一朵朵透明的鲜银耳出售，价格与干银耳相当。在网上，也有鲜银耳在电商平台出售，标明顺丰空运，销量还不小。

鲜银耳确实能吃，但食用有中毒风险。

国家食品安全风险评估中心钟凯博士指出，鲜银耳容易携带一种叫“米酵菌酸”的毒素，人食用后，可造成肝肾损伤，甚至引发器官衰竭和死亡。

更可怕的是，目前没有应对该毒素的特效解药，食用鲜银耳中毒后，只能采取一般的催吐、洗胃、清肠等急救措施，死亡率很高。

● 鲜银耳怎么会“带毒”

（1）受培植环境及土壤的影响，鲜银耳容易污染一种叫“椰毒假单胞菌”的病菌，而“米酵菌酸”正来自这种病菌。

（2）鲜银耳在储藏环节中易被污染而变质。

据国家食品药品监督管理总局称，鲜银耳中毒事件早在 1984 年的山东就暴发过第一起。

● 论营养，干的不比鲜的差

有人之所以买鲜银耳，是觉得其营养比干银耳好。

但其实，即使经过加工，干银耳也还保留了银耳中的绝大多数营养成分。而且，银耳的干制过程有一定的杀菌消毒作用，即使原先有少量毒素污染，在阳光中紫外线的照射下，也会降解不少。再者，迄今为止，未见因食用干银耳引起米酵菌酸毒素中毒的报道。

所以，银耳还是吃干的吧。

● 买干银耳也得多留心

当然,干银耳也有变质的可能,国家食品药品监督管理总局提醒,选购、烹煮时要多加留心。

如何辨别干银耳的质量?

望。好的银耳,颜色呈米黄或金黄色,过白则可能是用硫黄违规熏制过。形状呈菊花状或鸡冠状,耳花大而松散、肥厚,耳蒂上无黑斑和杂质。

闻。好的银耳,闻起来无异味,若有酸味儿可能是受潮、发霉了,有刺鼻气味则可能被特殊化学物质熏过。

摸。好银耳干燥,柔韧,不易折断,有点刺手。

尝。好的银耳无异味,如果尝起来有点淡淡的辣味,则质量较差。

干银耳经水泡发后应朵形完整、菌片呈白色或微黄,弹性好,无异味。 如发现菌片呈深黄至黄褐色,不成形,发黏,无弹性,有异臭味时,应丢弃,不能食用。

发好的银耳要充分漂洗,去除银耳基底部发生褐变的部分。

最后,银耳最好充分加热煮食。

买红薯，别挑长黑斑的

冬天一到，热乎乎、香喷喷的烤红薯总是能勾起人们的食欲。红薯又叫番薯、地瓜，味道香甜，是一种老少皆宜的健康食品。

红薯是粗粮的一种，含有丰富的淀粉、维生素、膳食纤维等人体必需的营养素，还含有丰富的镁、磷、钙等矿物质和亚油酸等。这些物质能保持血管弹性，对防治老年习惯性便秘十分有效，其中，“去氧表雄酮”——一种生理活性物质，还有一定的抗癌作用。

很多人对红薯有误解，认为吃红薯会发胖。恰恰相反，红薯是一种理想的减肥食品，它的热量只有大米的 1/3，而且其富含纤维素和果胶，具有阻止糖分转化为脂肪的特殊功能。

在买红薯时，仔细看看，千万不要吃到有毒的黑斑红薯。

● 黑斑红薯毒性大，千万不要吃

黑斑红薯其实就是得了黑斑病的红薯。红薯表皮有黑色或褐色凹陷状斑块，有些呈圆形或近圆形，有些会融合成不规则状，病斑上常有黑色霉状物或刺毛状物。如果掰开红薯，会看到内部已变成黑绿色，而且变得很坚硬，吃起来口感发苦。

黑斑红薯不光外表不吸引人，更关键的是，它有毒。黑斑红薯含有甘薯酮、莨菪素等有毒物质，误食轻则出现恶心、呕吐、腹泻等胃肠道症状，严重者会出现高热、头痛、气喘、神志不清、抽搐、呕血、昏迷症状，甚至死亡。

无论水煮还是火烤，黑斑病菌的生物活性都不易被破坏。所以，为避免食物中毒，千万不要吃黑斑红薯，也不要给动物吃。

● 教你四招挑选优质红薯

如果你实在无法抵挡烤红薯的诱惑，不妨试试自己动手做烤红薯。挑红薯要注意看如下四个方面。

一看表皮。要避免购买表皮有黑色或褐色斑点、皱纹、裂缝、软坑的红薯，也不要买到有虫孔的。如果红薯发芽，口感和营养价值都会变差，也尽量不要购买。

二看大小。由于红薯的个体差异较大，不用太在意形状，但一般建议购买稍大的红薯，太小的削皮之后可食部分较少。

三看是否变软。可以用手按压一下红薯，如果感觉红薯发软，说明已经腐烂，就不要购买了，闻一闻也会有馊味。

四看切面。好的红薯剥开皮后，会发现肉质比较结实有水分，且颜色正常，如果红薯出现变黑等情况，或是闻起来味道异常，最好不要购买。

Tips：微波炉烤红薯

（1）用刀在红薯上均匀地划3道口，大红薯划的口要深一点。

（2）将红薯放进塑料碗内，盖上盖，再放进微波炉里用大火加热 5 分钟即可。如果没熟，可以翻个面，继续加热 3~5 分钟。

妞妞，姥姥给你做烤红薯好不好?
好呀!
1

那妞妞来选要吃哪个吧!
哇！好多呀!
2

我要这个最大的!
傻丫头，选地瓜不是个头大就好的。你看，这有斑点、裂坑，还有这些 小洞洞还可能是虫蛀点。
3

那要这个，有小叶子真可爱。
笨蛋！发芽了就没那么好吃，营养也没那么好了啦。
4

这也不行那也不行!
唔……
郁闷!
5

姥姥！妈妈欺负我！不给我吃红薯!
我不是这个意思啊!
什么?!
哭!
妈，您听我解释!
6

必备冰箱

——储物保鲜，有所讲究

冰箱巧分区

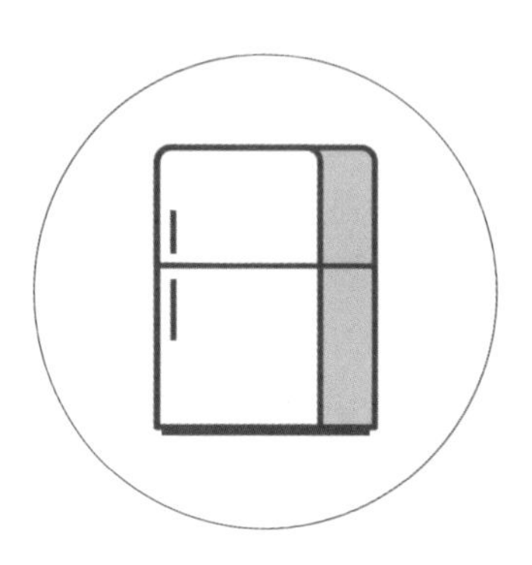

冰箱内，生熟食物应分置于不同层，一般摆放位置为“熟上生下”。

食物要用保鲜盒、密封袋或双层保鲜膜保存，防止污染、串味。

了解冰箱各部位温度，将食物分区存放。以冷藏室为例，上层温度较高，下层温度低，冰箱门处温度最高，靠近后壁处温度最低。

冰箱冷藏室上层适宜储存熟肉、咸肉、酸奶及硬奶酪等。冷藏室下层可储存需要快速加热的食物，如剩饭剩菜、煮好的鸡蛋、鱼肉等。另外，容易冻伤的不带叶蔬菜和水果也最好储存于此。

保鲜盒位于冷藏室最底部，湿度最大，比较适合存放蔬菜，如绿叶蔬菜、辣椒和西兰花等。同时，冷藏室内存储的食品不能码放过紧。要留有空间，以利于空气对流，均匀地对存储食品进行冷却。

冰箱门架处适合储存抗菌性较强的食物。由于冰箱门经常打开，暖空气会进入，所以这里最不适宜储存容易变质的食物，如开了封的熟肉、牛奶等。

熟食最好不要存储在冷冻室内，以免变质和串味。饮料类不能放到冷冻室内存储，以免冻裂。冷冻冰箱门附近因经常开启，温度变化最大，冰激凌和鱼类食品不要放到冰箱门附近。

有图有真相

使用得当，电冰箱更省电更耐用

四面皆空。摆放冰箱时，左右两侧及背部都要留有适当的空间，以利于散热。

藏而不满。冰箱里存放食物量以80%为宜，过少会使热容量变小，过满则不利于冷空气循环。

湿者不入。刚洗过的水果蔬菜要沥干再存放，减少水分蒸发，以免增厚霜层。

“顿入箱门”。尽量少打开冰箱门，减少降温耗能。

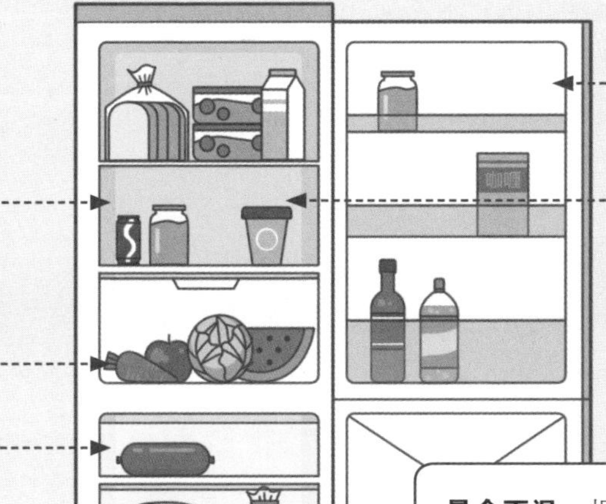

除霜及时。霜厚度超过6毫米就应除霜。完成除霜后，要先使其干燥，否则又会立即结霜。

量食而温。根据所存放的食品恰当选择冰箱内温度。
常见食物最适冷藏温度如下。
鲜肉/鲜鱼：–1摄氏度。
鸡蛋/牛奶：3摄氏度。
蔬菜/水果：5摄氏度。

各类食物在冰箱中的保质期

对食物最好的保存方法，说到底，就是在其最新鲜的时候食用。冰箱只是其次的选择。

美国农业部根据各种食物的属性推荐了一个《食物储藏安全时间表》，供参考。

食物	保存时间	
	冷藏（4摄氏度）	冷冻（零下18摄氏度）
牛肉	1~2天	3~4个月
牛排及烤肉	3~5天	6~12个月
猪肉	1~2天	3~4个月
猪排	3~5天	4~6个月
午餐肉	3~5天	1~2个月

续表

食物	保存时间	
	冷藏（4摄氏度）	冷冻（零下18摄氏度）
香肠	1~2天	1~2天
汤和炖菜	3~4天	2~3个月
瘦鱼（如鳕鱼）	1~2天	6个月以上
肥鱼（如三文鱼）	1~2天	2~3个月
全鸡	1~2天	12个月
鸡胸、鸡腿	1~2天	9个月
牛奶	5天	1个月
冰淇淋	不可冷藏	2~4个月
酸奶	7~10天	不可冷冻
整鸡蛋	3周	不可冷冻
整鸡蛋	1周	不可冷冻
熟肉剩菜	3~4天	2~3个月
熟馅	3~4天	1个月
生面团	不可冷藏	2个月

应注意的是，以上时间表仅供参考，如食物有馊味、长毛（发霉）等异常，必须丢弃；又如，市场上卖的食物大多是已经存放了一段时间，所以存储时间应有所缩短。

速冻，冻不死细菌

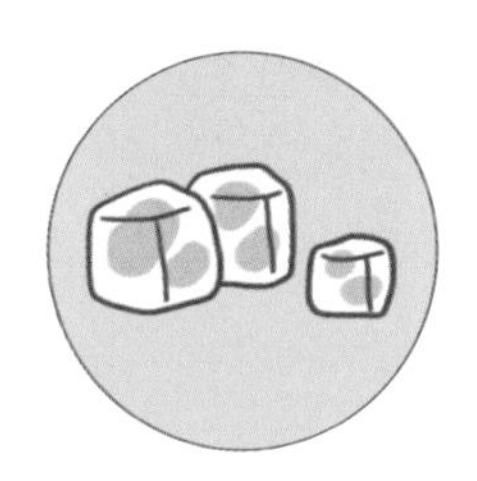

速冻食品，顾名思义就是迅速冷冻的食品。那么，有多迅速？冷冻到零下多少摄氏度？

冷冻贮藏是食物保藏的一种方法，分为缓冻和速冻。然而，缓冻食品的品质却远远不及速冻食品。在食品降温的过程中，食品中的水分子会结晶。降温的速度越慢，水分子形成的冰晶体就会越大。大的冰晶体会撑破细胞，从而降低食品品质。

在速冻装置中，食品的中心温度可以迅速降到零下 5 摄氏度（通常是在 30 分钟内），再被转移到零下 18 摄氏度，经包装后，进行冻藏或流通。这时，食品内冰晶体的直径就会大大缩小，并且均匀地分布在细胞内与细胞间隙中，对食品微观结构的破坏并不会太大。

另外，食品本身的酶活性被抑制，内部各种生化反应速度下降，从而最大限度地保持了食品的营养成分和原有风味。所以，速冻食品的口感虽不及新鲜食品，但变化却并不十分明显。

然而，这个过程却没有杀死细菌，它们只是暂时“冬眠”了。食品在零下 18 摄氏度保存时，金黄色葡萄球菌等绝大多数微生物，基本上都终止了繁殖和产生毒素。国家标准规定，速冻食品在贮存和销售环节，温度都应控制在零下 18 摄氏度以下，温度波动不超过 2 摄氏度。

但是，在我们生活当中，从超市的冰柜转移自己家中冰箱的过程中，难以达到这样的要求。一旦冷链中断或温度失控，残存的细菌就会繁殖。所以，速冻食品买回家后，应及早放进冰箱。

煮妇聊天室

话题：家里的冰箱多久擦一次？

今天大扫除才发现……我家冰箱这么脏啊！还有点油，好难擦，你们有解决办法吗？

每天频繁开关，自然会沾油污啦！用牙膏就可以擦得很干净！

是的！我擦过！先在冰箱表面挤上牙膏，然后再用半湿的抹布擦，一擦就亮！

记得顺手擦一下门上的橡胶边。用牙刷和牙膏就能刷掉污垢！

冰箱里面的顽固污渍怎么擦干净呀？

纸巾或毛巾蘸热水，敷在油污处，10 分钟后，再用百洁布擦就行啦！

@ 宝妈，下次别偷懒啦，脏了就及时擦哟！

呜呜呜，我知道了……

巧用冰箱的“特异功能”

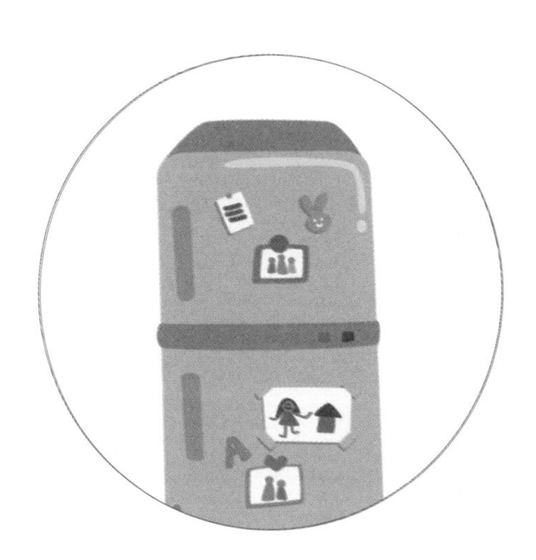

大部分人家的冰箱都只用来保存生鲜果蔬与肉食，可能还会用来储存剩饭剩菜。其实，冰箱还有一些“特异功能”，有时是你生活琐事的“神助攻”。

切蛋。餐馆里切出的皮蛋或白水煮鸡蛋总是那么规整好看。其实，将蛋放入冰箱冷藏保存1小时再切，蛋黄就会平整不碎。

炒饭。很多人纳闷，为何自家炒饭总黏团，不像饭店能炒得那么入味？如果米饭出锅后放入冰箱冻上一两个小时，炒出来的米饭就会一粒一粒“分开”，既好吃又香口。

煲粥。对喜欢熬煮八宝粥的家庭而言，红豆、黄豆等豆类如不经过浸泡很难煮透、煮烂。其实，可以待豆类煮开放凉后，放入冰箱冷冻2小时左右再取出加热。往往只需20多分钟，便可轻松将豆子煮至烂熟。

去味除辣。洋葱、葱蒜等的辛辣味相对较重，切时往往让人泪流满面。将其放入冰箱中冷冻一两个小时，再取出刀切则可“平安无事”。

冰箱暂时停用，这样处理

冰箱无特别情况的话应是一直通电使用，但如果由于搬家或其他特殊情况需停止使用一段时间，就应该采取一些保护措施。

（1）应将贮藏的物品取出，拔下电源插头，待霜化尽后，用温水加洗涤剂或小苏打清洗各部件，冷凝器和压缩机用毛刷或用真空吸尘器打理。待箱内充分干燥后，再将箱门关好。

（2）将温控器调节盘置于“0”（“停”）或“Max”（“强冷点”），以使温控器内的弹性元件处于自然状态，延长其使用寿命。

（3）门封条与箱体之间用纸条垫好，防止门封条与箱体粘连。如果准备较长时间不用，也可在门封条上涂些滑石粉或痱子粉。因为磁性门封条是电冰箱的一个重要部件，作用是密封箱门，使与外界空气隔绝。由于经常使用，门封条会拉松或挤压，或被果汁等酸性食物沾污。时间一长，会引起封条变形，从而影响密封性。

（4）停用后的电冰箱须放在干燥通风的地方，避免阳光直射。移动冰箱时，要竖立平行，不能倾斜。

有些东西不宜进冰箱

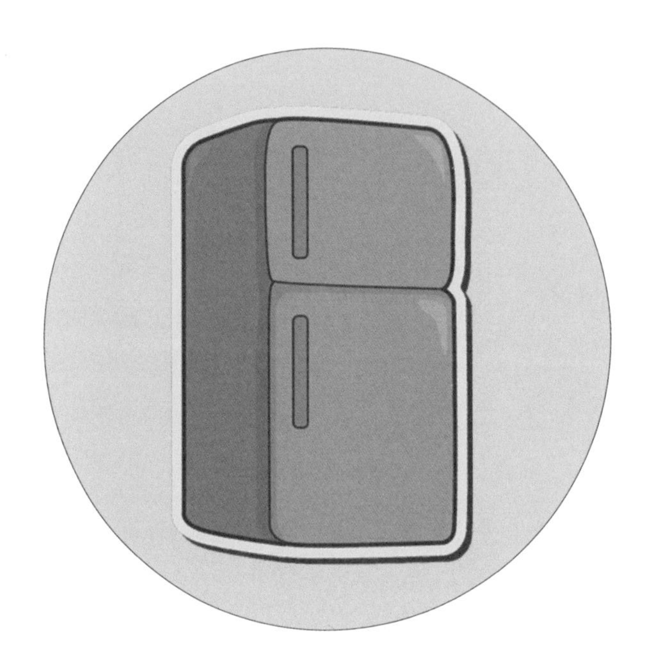

冰箱，在我们家中担任着不可或缺的角色。蔬果、鲜肉、饮料、剩饭菜、干货、糖果……人们喜欢把冰箱塞得满满的，但是，这并非聪明的做法。

冰箱可不是杂物柜，并非见缝插针，塞得满满的才算充分利用。冰箱存放食物时要留有适度空间，以利于冷空气流通，这样才能保持合适的温度，抑制细菌的繁殖，从而达到保鲜的目的。

而且，很多食物不必放进冰箱，有的放入冰箱反而适得其反。

◆刚烹饪好还没有冷却的食物，如果马上放进冰箱，容易加重冰箱负担，缩短其寿命。

◆水分含量低的食物，如茶叶、奶粉、咖啡等，这类食物容易吸收冰箱内其他食物的异味和潮气，更容易霉变。

◆含糖量高的食物，如蜂蜜、止咳糖浆等，会析出结晶影响口感，并且取出后容易变质。

◆某些蔬果，放冰箱反而会加速变质进程。如洋葱，在冰箱里放久了，肉质也会变粉，甚至会发霉。如果洋葱已经切开，那么无论包裹得多么严实，洋葱的水分都会流失。如土豆，低温会把土豆里的淀粉分解，所以，放入过冰箱的土豆尝起来是甜的（淀粉可以分解成麦芽糖和葡萄糖），用这样的土豆来做菜不太好吃。还有蒜头，放进冰箱里很容易变质、发霉，变得像橡胶那样软，更糟糕的是即使变坏了，蒜头外表还是没什么变化，炒菜要用时就麻烦了。

◆各类罐头、铝箔软包装熟食，此类食物已经过灭菌消毒，如无特殊说明，一般无须冷藏。

冷藏食物，热一热再吃

冰箱并不是保险箱，也可能存在致病菌。其中，李斯特菌就是最常见的细菌。

李斯特菌在环境中几乎无处不在，特别是泥土、植物、动物饲料及人类和动物粪便中。这种细菌的最佳繁殖温度约为37摄氏度。不过，李斯特菌在0摄氏度的环境里，也能生长且缓慢繁殖——在冰箱冷藏室也可以存活。因此，冰箱冷藏的食物，如馒头、面包等，最好加热后再吃。

哪些食物最容易被李斯特菌污染？调查发现，奶酪、涂酱、鸡肉、经加工的熟火鸡肉、冻烟熏鱼类、肉冻等食物，最容易有李斯特菌存在。

● 冰箱食物，加热再吃

食源性李斯特菌病，是一种较罕见但死亡率高（20%~30%）的严重疾病。

李斯特菌主要影响初生婴儿、年长者和免疫力较低的人群（如艾滋病、糖尿病、癌症和肾病病人）。

症状包括类似感冒、恶心、呕吐、腹部痉挛、腹泻、头痛、便秘及持续发烧。大部分人感染此病后，不出现明显症状。不过，严重感染个案会出现败血症和脑膜炎。

孕妇尤其要避免受李斯特菌感染，因为即使症状较轻微，细菌仍会通过胎盘传染给胎儿，可能引起流产、死胎、围生期败血症和初生婴儿脑膜炎等问题。

冰箱冷藏室并不是保险箱，冰箱里的食品不能放太久。拿出来吃之前，最好重新加热。同时，要定期对家里的冰箱进行清洁（建议每月1次）。

解冻有方，保住营养

冷冻食品如果解冻不当，不仅口味会变差，还会导致其营养素流失。那么，不同的食物有什么解冻技巧?

● 冻鱼冻肉，先放冷藏室

肉类解冻最好有个“接力棒”，也就是把要解冻的食材提前一天从冷冻室中取出，用保鲜盒或保鲜袋装好后放在冰箱的冷藏室里，解冻后再拿来烹调。这种解冻方式花的时间比较久，一般大块的肉类至少要提前 12 小时放到冷藏室，小块的时间减半即可。因此，为了缩短解冻时间，建议不要直接将整块肉放入冰箱，而是在冻结食物前将其切成小块，或直接切成肉丝或肉片，根据一次的食用量，用保鲜袋或保鲜膜包一层，进行分装冷冻。这样还能避免反复冷冻，也较容易解冻。

● 馒头包子，用蒸锅加热

暂时吃不完的主食，如馒头或包子等放进冷冻室保存，可以延长其保质期。吃之前，很多人选择用微波炉加热，但这样加热会快速脱干水分，而且容易导致食物受热不均，有的地方干了，有的地方还是冰冷的。建议冷冻过的面食直接放进蒸锅里加热。

● 冷冻蔬菜，开水焯一下

超市里的冷冻区有各种各样分装的冷冻蔬菜，如青豆、玉米粒、胡萝卜片等。这些冷冻蔬菜一般是在其营养最佳的时候采摘后立即速冻的，因为低温锁住了蔬菜中的营养，所以，冷冻后营养价值也较高。烹制的时候，这类蔬菜用开水快速焯一下，就可以直接烹调。

煮妇聊天室

话题：冰箱异味怎么除去？

宝妈

冰箱里东西太多，都串味了，这异味得怎么去掉？

办法可多了！放新鲜的橘子皮就能除味。

健康煮妇

小燕

我家喝完的茶叶，我都包起来放在冰箱里，效果也挺不错哦。

还可以切开一个新鲜的柠檬放进冰箱，可以保持 1 周左右。

健康煮妇

小燕

白醋也可以，放进敞口瓶再放进冷藏室。

把食物分放在保鲜盒里，可大大减少串味哦！

健康煮妇

小燕

@宝妈，对，尤其是本身味道大的。

宝妈

呜呜呜，我知道了……

冰箱巧除霜

冰箱用久后，冷冻室会结上一层厚厚的霜，有时甚至冷藏室也会出现一层霜，怎么去除呢？

不少人在除霜时，都采用断电等霜自动融化的方法，但这样除霜常需要 4 个小时左右。如果霜结得太厚，时间还会更长。也有心急的主妇，直接用硬物或者铲子去除蒸发器上面的冰霜，这样既耗力气，又容易损坏蒸发器，得不偿失。

在此，教大家一个事半功倍的小方法。

首先，将冷冻室温度调到最低，4 个小时后把冷冻室的食物转移到冷藏室。

其次，切断电源，打开冰箱冷冻室门，用浅盆装热水，放置冷冻室内，使冰霜尽快融化。如果冰比较多的话，中途可再换一次热水。约半个小时后，冰会开始软化。

再次，拿冰铲轻轻敲打，冰霜就会纷纷下落。

最后，对于冰箱深处的一些顽固冰霜“分子”，可以尝试用吹风机送热风，使其尽快融化。整个过程需要花费 1 小时左右，冰箱的霜就可以完全除掉了。

冰箱又结冰了！这些冰块好难铲呀！

交给我吧，我有办法！
热水？

首先，拔掉冰箱的插头，然后把热水放在结冰处下面，让热气融化冰块。

其次，用风筒对着冰块吹，记得要用冷风哦。最后，用锅铲很快就能铲下来啦！

姥姥你在干什么？哇！好多冰块！
效果真不错啊！

闺女快来帮忙！妞妞在捣乱啦！
哇！妞妞住手！
哇！好好玩！

冰箱，不用“冬眠”

一到冬天,好多人家里的电冰箱便进入“冬眠期”,尤其是北方地区,天寒地冻,人们干脆把冰箱关掉,暂做碗橱;或者当作储物箱,把买回来的食品统统放进去;还有的为了省电,把冰箱的温控器调到较抵挡。这些做法都欠妥当。

● 冰箱不能做储物柜

冬天气温虽然很低,可是一日多变,食品的保鲜很成问题。而冰箱内的温度较恒定,起到了保鲜食物的作用。若冰箱没有启用,储藏在冰箱中带水汽的食物密闭在不透气的空间里,易发霉变质。

● 冰箱停用，更易损坏

冰箱使用时,蒸发器表面会结霜。冰箱停止使用时,霜就会化成水。因蒸发器埋在保温材料中,所以,水不容易蒸发。这些水蒸气会使冰箱的蒸发器材料发生电化学反应,最终产生冰箱内漏现象。用过的冰箱如停用数月,再使用时就容易产生内漏而不制冷,就是这个原因。

● 温控器调节过低并不省电

入冬天气转冷后,冬天冰箱耗电量只有夏天的 1/3。但是,如果为了节省电而把冰箱的温控器调到较低的挡位,反而会由于电冰箱启动电流增大,启动次数增多,导致耗电量比以前增多。

如需停用冰箱,每月至少应通电一两次,使冰箱运转 10 分钟。

冰箱如果长期停用,一定要彻底洗净,并用滑石粉保护门边的橡皮封条。冬天时,电冰箱即使不用也不用移位,更不能用塑料布包罩,以免内部阻塞和使外壳变色剥落。另外,还要定期进行清洗,可用温肥皂水或 3% 的漂白粉澄清液擦洗冰箱内壁。

改善细节，减小冰箱噪音

冰箱除了压缩机产生的正常噪音，还有一些噪音是完全可以避免的。按照如下几点去做，能够有效减少冰箱噪音。

●平稳放置冰箱

地面不平或者冰箱安放不平稳，极易产生噪音。可以拧动电冰箱底部的调节螺丝，当其接触到地面，四脚平稳落在地面时，即为理想的平稳状态。

●牢固冰箱底座

用手紧按压缩机。如果噪声明显减低，而将手抬起后噪声又增大，这是由于压缩机底座固定出了问题，通常由减振胶垫受力不均或螺栓松动引起。需要拧紧连接部分的螺栓，并更换失去弹力的垫圈。

●拿掉冰箱顶部的物品

许多人为了节省摆放空间，会在冰箱顶上摆放物品，殊不知电冰箱在运转时会与其顶部放置的物品产生共振，从而产生噪声。所以，切记一定不要在冰箱顶部放置物品。

●合理摆放冰箱内的物品

制冰盒、隔板、抽屉等附件将冰箱内部的空间分割得非常细致。但若是内部物品摆放不合理，瓶瓶罐罐之间很容易产生共振，从而制造噪音，这时就要试着改变一下物品的摆放位置了。

闺女啊！我要被你爸气死了！我感冒了，他说这两天他做饭，没想到……
是老爸太久没下厨，做得不好吃吗？
1

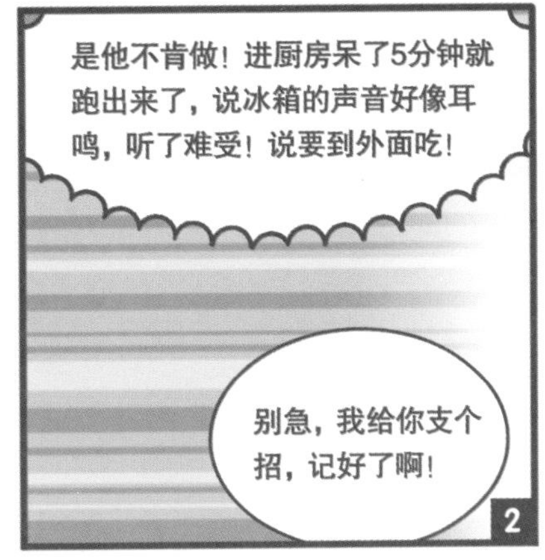
是他不肯做！进厨房呆了5分钟就跑出来了，说冰箱的声音好像耳鸣，听了难受！说要到外面吃！
别急，我给你支个招，记好了啊！
2

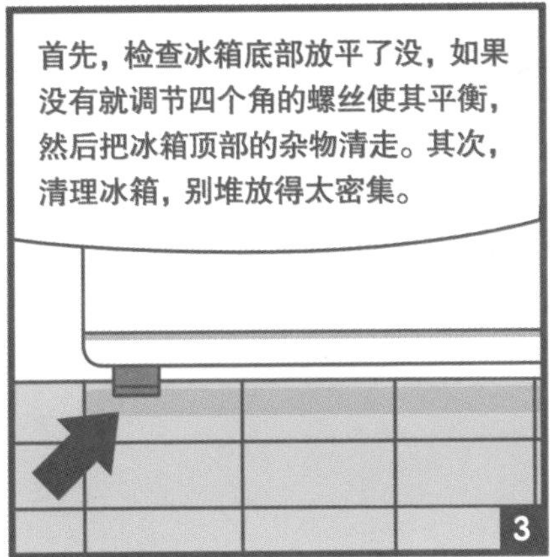
首先，检查冰箱底部放平了没，如果没有就调节四个角的螺丝使其平衡，然后把冰箱顶部的杂物清走。其次，清理冰箱，别堆放得太密集。
3

如果还不行，就用手紧按压缩机。如果噪声明显减低，就是缩机底座固定出了问题，叫老爸把连接螺丝拧紧，垫圈也换个新的。
4

第二天……
妈，爸的“耳鸣”好了没？
好了！都怪他自己，买了好多菜，冰箱里头放不下了还搁冰箱顶上。要不明天带妞妞回来尝尝老头的手艺吧？
5

等你感冒好了再去吧，呃，可是到那时候他还肯下厨不？
别担心！我保证会在你们回来吃完后才病好！
惊！
还有这种操作？！
6

厨房有药

——小小佐料，大有奥妙

巧用桂皮，止住冷痛

说到肉桂，很多人可能不知道这是什么东西。但若说出它的另一个名字——桂皮，相信很多人就会“哦”的一声，表示很熟悉。

著名的潮州卤菜（卤豆腐、卤鹅掌等）、粤式名菜焖牛腩等菜式的制作中，都需要加上肉桂这味中草药。应该说，肉桂是家庭主妇烹煮肉类时常放的一种调味品。它也是“五香粉”的成分之一。

作为调味品，肉桂气味芳香，有祛腥解腻、增加食欲的作用；作为药物，肉桂性温，味辛，有温脾胃、暖肝肾、通络止痛的作用。因此，肉桂对怕凉的腹痛、腰背冷痛等都有很好的止痛效果。它可用于治疗因受凉引起的多种疼痛，如痛经、腰痛、膝痛、肩痛等。

使用肉桂止痛，以外敷最佳，一般可将250克的桂皮加250克粗盐用布包好，放入微波炉中加热（或炒热后放入布包中），熨烫痛处，以不损及皮肤为度。冷痛在肉桂的芳香通窍、温煦作用下，很快就会缓解。

作为调味品，肉桂的使用量很小，老少皆宜。但一般不建议将肉桂作为常规的补品长期或大量服用。

如果需要服食肉桂，考虑到其性温，建议正常体质的人尽量在秋冬季节服用为宜。平素身体容易“上火”的，则要慎服肉桂。

当然，如果只是针对冷痛的外敷使用，就不存在前面所说的种种“慎用”了。最后要提醒的是，肉桂性温走窜，容易动血，因此，孕妇不适合服用。

大蒜个头小，药用妙处多

大蒜一直是我们餐桌上的常客，它既可生食、凉拌，又可热炒、做调味品。在北方，人们一般直接食用蒜瓣或蒜泥；南方人则更多地将大蒜拿来盐渍、糖渍或做熟食。

大蒜之所以广受追捧不无道理。

大蒜被誉为“天然的广谱抗生素”，对多种球菌、杆菌（痢疾杆菌、伤寒杆菌、大肠埃希菌、百日咳杆菌）、病毒、真菌、阿米巴原虫、阴道滴虫、蛲虫等均有抑制或杀灭的作用。

大蒜中还含有一种辛辣、含硫的挥发性植物抗生素——大蒜素，对高血糖、高血压等人群非常有帮助。

另外，民间验方也有用大蒜来防治百日咳、细菌性痢疾、流行性感冒等疾病。

被誉为“印度医学之父”的查拉克曾说：“大蒜除了讨厌的气味，实际价值比黄金还高。”

● 四个实用小药方

（1）晕车、晕船、晕机。将生蒜切成小片。准备胶布或创可贴，在旅行出发前半小时将蒜片贴在肚脐上，可消除或减轻晕车、晕船、晕机症状。

（2）食蟹中毒。用干蒜加水煮，喝汤汁可缓解。

（3）百日咳。取大蒜 15 克，红糖 6 克，生姜少许，用水煎服。每天 2~3 次。

（4）防治心脑血管疾病。大蒜可防治心脑血管中的脂肪沉积，每天吃 2~3 瓣大蒜即可。

● 大蒜生吃最好

生吃、凉拌、热炒……大蒜的吃法何其多，哪种更好？

由于大蒜中含有的药用物质——大蒜素容易挥发，特别是遇到高温，分解更快。如果把大蒜炒熟食用，就会大大降低其杀菌能力和药用价值。因此，建议最好生吃大蒜。

生吃大蒜不但可杀菌，还能帮助消化吸收和促进食欲。不信吗？不妨做一个小实验：当你略有食欲时，生吃 2~3 瓣大蒜，很快就会有饥饿感；而当你肚子稍感发胀时，吃 2~3 瓣大蒜，便会感觉上下舒通，霎时消胀解闷。

但有一点需要注意，有些人是不适宜生吃大蒜的。譬如，患有胃肠炎或溃疡的人，因大蒜对胃肠道有刺激作用，必须煮熟了吃。

另外，大蒜虽有益，但切忌食用过量。因为大蒜不会分辨细菌的好坏，长期大量食用或许会破坏肠道内的有益菌群。

● 腹泻吃大蒜，其实是误区

坊间有“生吃大蒜治腹泻”一说，但实际并不妥。因受凉或不洁饮食引起的腹泻，食用大蒜不但不能治好，反而会加重病情。

腹泻时，在肠道内细菌毒素作用下，肠壁组织因炎症水肿使通透性增加，大量的蛋白质和钾、钠、钙、氯等电解质及液体会渗入肠腔，刺激肠道，使肠蠕动加快、增强，因而出现腹痛腹泻等症状。此时，如果食用生大蒜，虽有抗菌作用，但因大蒜素的刺激，肠壁血管会进一步充血、水肿，使更多的体液渗入肠腔内，从而加重腹泻。

Tips：去口气，有妙招

很多人觉得吃完大蒜后会有口臭，就放弃了这个天然抗生素。但其实吃完大蒜后，喝上一杯牛奶、咖啡或者绿茶，就能有效清除口臭，不妨一试。

姥姥，周末
我们一起去
郊游吧！
好好好！让
妈妈听一下
电话好吗？
超开心！
1

犹豫……
那个，闺女啊，
你爸晕车，要
带他吗？
妈，你说这话
考虑过我爸的
感受吗……
2

当然是要全家一起出去才热闹啦！放
心，晕车这事我有法子。对了，出发那
天我们过去吃了早餐再出发哦。
3

呃？怎么只有
你一个？
他们在楼下停车
呢，一会就来。我
先上来给爸做晕
车贴。
4

出发前半小时，把这
个贴肚脐上，管用！
吃完早餐时间刚好，
可以放心上路。
蒜片 + 止血贴
5

啧！就这么点功
夫，你也不用着
急先上来啊，不
等妞妞！
您也关心下
我爸吧……
生气！
6

大葱，餐桌上的“感冒药”

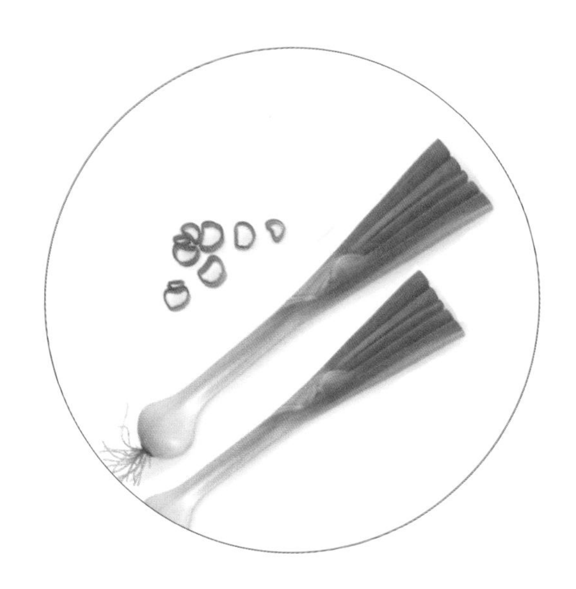

古人管葱叫“和事草”，因为不管什么菜系，都少不了葱。

在中医眼里，葱还是一味重要的中药，称为菜伯，按“伯仲叔季”的次序，伯为老大，可见，中医认为葱是菜里的“大哥”。

● 大哥级食材，“能耐”不小

◎发汗解表，治风寒感冒。如果症状较轻，只需要用葱白和生姜煮水喝。

◎醒脑开窍。孩子发育不成熟，可能表现迟钝；成年人如果总感觉糊里糊涂的，头晕、头痛，甚至是昏昏沉沉。怎么办？可以尝试吃点葱。

◎壮阳。在酒桌上常听人说,“每顿一棵葱,能挺十分钟”。其实,吃了葱也不能保证挺 10 分钟以上,但葱能壮阳是真的。

◎外用消毒。古代没有消毒水,有外伤时,就用葱。唐朝有个骨伤科的名医蔺道人,他每次在做手术或上药包扎前,都用葱煮水冲洗一下皮肉破损的地方,清洁消毒。

◎止血止痛。过去,葱还被当作金创药。隋朝僧医梅师的《梅师方》中写道:“金疮出血不止,取葱炙令热,挼取汁,敷疮上,即血止。”即把葱烧热,或取汁,敷伤口就能止血。还有人出血疼痛时,把葱白和白砂糖一起研成糊状,涂在损伤的地方,用来止痛。

● 带着葱须,药效更好

葱作药用时常常连须食用。

“连须葱白”指的是要带着葱白底下白白细细的葱根一起用,葱根也是一味很好的药材,可以祛风散寒、解毒、止头痛。

大葱虽好,食用时还是有注意事项。

古人说“蜜反生葱”,蜂蜜与葱同食容易导致腹泻、胃肠不适。

葱性温,和狗肉、公鸡肉等性温的食物一起吃,很容易上火,如鼻炎患者吃葱炖狗肉很可能会加重病情。

葱不适合体内热重者,如患有肺热燥咳、胃热呕吐、痔疮出血、痈疮溃烂等疾病的人;也不适合表虚者,表虚者汗多,若再吃容易发汗的葱,情况会加重。

● 葱豉粥,餐桌上的感冒止痛药

取葱白 3 根,豆豉 10 克,大米 100 克。把豆豉、大米洗净后一起放入锅中，加清水煮粥。粥熟时，再加入洗净并切成细段的葱白，再稍煮一会，就好了。

这道粥方原载于晋代《肘后备急方》，还出现在宋代《太平圣惠方》中。李时珍在《本草纲目》中称它能发汗解肌。解肌是指解除肌表之邪，病邪一去，肌肉酸疼的症状也就消失了。此方可用来治疗外感风寒造成的感冒、头身疼痛等。

豆豉也是一味中药，有解表除烦、和胃解毒的作用，和葱搭配在一起，又煮成粥，增强了发汗的功能，还可以补充人体汗出时丢失的水分，同时兼顾到了胃气，在汗出热退的同时让人的正气不受损伤。

服食这道粥后，如果能盖上被子睡一觉出点汗，效果会更好。

姜皮去留有讲究

有些人吃姜时，习惯把姜皮去掉，这种习惯好不好？

有句话说："留姜皮则凉，去姜皮则热。"

其实，姜肉与姜皮的性味功效并不相同。姜肉性温，可发表健胃、止呕解毒；姜皮性凉，能够行水、消肿。

一般做菜，为了保持姜的药性平衡，建议留姜皮，但做寒凉性菜肴时，要用姜来调和寒性，就要去皮。

如果用它治疗风寒感冒，最好去皮，因为姜皮性凉且能止汗，不利于解表发汗。

同样的道理，治疗脾胃虚寒引起的呕吐、胃痛等不适时，也应去掉姜皮。

那什么时候用姜皮呢？

姜皮"利水"，用来治疗水肿时就要用带皮姜。如果水肿患者体内有热，如有口腔溃疡、口臭、便秘等症状，最好只用姜皮，不用姜肉，以免热上加热、火上浇油。

●姜还是老的好

有句话说“嫩姜炒菜，老姜熬汤”。

嫩姜辣味小，口感又脆又嫩，用来炒菜、腌制合适。老姜味道辛辣，熬汤、炖肉时用它作调味品再好不过。老姜的药用价值高，如预防感冒或者做药膳时，就一定要用老姜。

嫩姜不能久放，最好先用保鲜膜包覆再冷藏，不宜超过 2 周。老姜多常温保存，可以拿报纸包好，也可放在米桶里存放。

有人说“烂姜不烂味”，用烂姜来做调料，这不对。姜腐烂后，会产生有毒物质黄樟素，有可能会诱发肝癌、食道癌等疾病，不能食用。

●秋不食姜，夜不食姜

古代医书中，有“一年之内，秋不食姜；一日之内，夜不食姜”的警示，这是有一定道理的。

元代医学家李东垣说：“盖夏月火旺，宜汗散之，故食姜不禁。辛走气泻肺，故秋月则禁之。”意思是，秋天气候干燥，燥气会损伤肺脏，这时吃姜等辛热之物，会加重人体的燥热，有“夭人天年”的危害。

那为什么夜不食姜呢？

李东垣也做出了解释：夜里是阳气收敛之时，天地之气都闭合了，而姜性温味辛主发散，这和自然规律不符，就好像我们应该夜里睡觉，白天工作，可有些人偏偏反过来，这自然会对健康造成损害。

当然，有病需要用姜还得用，关键是要掌握好度。

● 姜汁牛乳茶，润肤通便

取鲜牛奶200毫升，韭菜汁50毫升，生姜汁15毫升，白糖适量。把姜汁、韭菜汁冲入牛奶中一同煮沸即可。每日2剂，早晚空腹温服。

此茶方出自元代朱丹溪所著的《丹溪心法》。牛奶可以润肺养胃、润肠通便、补虚解热。韭菜为辛温补阳之品，能温补肝肾，有“起阳草”之称，同时它又是“洗肠草”，可以润肠通便。

这是一道可润肤通便、益气补血的保健茶，如果出现体虚造成的大便秘结，病后、产后出现了便秘，或者老年性便秘，都可以试试这道茶。此茶对小儿吐奶，反胃、噎嗝也有疗效。常人经常饮用，也会对身体大有裨益。

真香啊，我来看看闺女煲了什么靓汤？
1

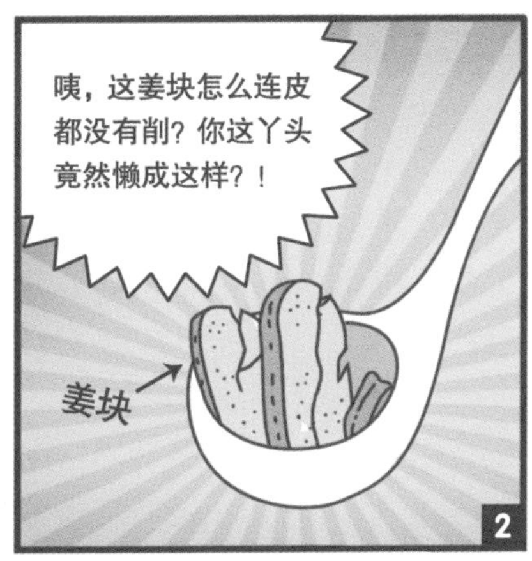
咦，这姜块怎么连皮都没有削？你这丫头竟然懒成这样？！
姜块
2

这你就不懂啦，俗话说：“留姜皮则凉，去姜皮则热。”
……哈？
不耐烦
3

受风寒或者虚寒时候呢，就要去皮，用性温姜肉来驱寒；但如果有水肿兼体内有热，如有口腔溃疡、口臭、便秘等，就用性凉的姜皮来行水消肿。
4

咱们这煲家常汤，就用它去腥提味，留着皮可以平衡温热……
真啰嗦！
啧！
5

行了行了，喝汤吧，明明就是懒……
妈，您听我说完啊！
真不是我懒啊！
快步离开！
6

喝点醋，开胃利血管

醋的酸味可激起食欲。用它当调料，还可减少盐分摄入，预防高血压、心脏病。

中医认为，食醋酸苦，性温，入胃、脾、大肠，走肝经，能够止血、杀毒、散瘀。

现代医学认为，食醋可以帮助消化、增强肝脏机能、促进新陈代谢；还可以扩张血管、降低血压、防止心血管疾病的发生。

说到醋有助于预防高血压，其实并非醋本身的功效。

高盐饮食是引起高血压的重要原因，而用醋来增加菜肴风味，则可减少用盐量，达到控制盐摄入的目的，有助于防治高血压。

但有些醋中加入了较多的味精和含钠物质，这类醋如摄入较多，反而不利于高血压的控制，值得注意。

有人认为，水果醋里含有矿物质钾和维生素 C，有利于预防高血压。但因为含量和摄入量太少，还不如直接吃新鲜的蔬菜和水果。

另外，关于血糖生成指数的实验研究发现，食物中加入醋（或柠檬汁等）提高酸度，可降低食物的血糖生成指数，即延缓血糖升高速度。

● 买食醋，看总酸

总酸含量是食醋的重要指标之一，在食品标签上都会注明，含量越高说明食醋酸味越浓，质量越好。一般来说食醋的总酸含量要大于或等于 3.5 克 /100 毫升，低于这个标准说明食醋质量不好，有可能是勾兑而成。还要注意查看生产日期和商标，谨防买到过期食醋和山寨食醋。

好的酿造食醋清澈无沉淀和悬浮物，呈琥珀色或者红棕色，有光泽的质量会更好。好食醋应该有醋香味，酸味应是柔和、回味绵长的，没有涩味，没有异味。

● 有些人不宜食醋

服用某些中西药的患者不宜吃醋，以免影响药效。

胃酸过多和胃溃疡患者不宜吃醋，以防加重病情。

对醋过敏和低血压患者也应忌用，以防出现过敏症状和血压降低等相关症状。

● 食醋养生菜谱

食醋可制作药膳进行食疗，也可在家常菜中起调味开胃作用，在凉拌菜中放入适当食醋最好不过。

◆鸭梨醋

食材：鸭梨、醋。

做法如下。

将鸭梨去皮切成片，每片鸭梨滴上 1 滴醋后直接食用，每天吃 10 片。

【营养点评】这个偏方主要是基于“酸入肝”和“肝开目”两个中医理论。酸味入肝养肝，而养肝可以明目。而酸性入肝经，酸对于肝有养护的作用。还可以改善眼睛酸涩干燥，达到明目效果。

◆玉米醋

食材：玉米 500 克，陈醋 1000 毫升。

做法如下。

（1）将玉米洗净煮熟，滤干待用。准备一个干净的密封罐子，陶瓷和玻璃的最佳。

（2）把玉米放进器皿内，倒入食醋，浸泡 24 小时。

（3）把浸泡后的玉米取出，在阴处晾干。

（4）每日早晚各嚼服 20~30 粒。

【营养点评】中医认为，玉米性平味甘，入肝、肾、膀胱经，平肝利胆、调中开胃，而食醋也有开胃降压效果，此方有助于降血压，防治动脉粥样硬化等心血管疾病。

豆豉也是营养豆

炒菜用的黑黑的豆豉，除了能调味，还能治病。

南方的主妇们很爱用豆豉，如最常用来做豆豉蒸鱼、豆豉蒸排骨、豆豉炒莜麦菜等，花样繁多。

豆豉可以消除烹饪鱼、肉时的腥臊味，还能使一些肉类更容易消化；同时，还有促进食欲、帮助消化的作用。

● 跟纳豆一样，是发酵的豆

豆豉是由黄豆或黑豆，经过发酵而得的大豆制品。利用毛霉、曲霉或者细菌蛋白酶的作用，分解大豆蛋白质，达到一定程度时，加盐、加酒、干燥等，抑制酶的活力，让发酵程度刚刚好。

其实，豆豉和日本的纳豆都是发酵的大豆制品，功效也有异曲同工之处，只不过是发酵时用的菌不一样。

因为豆豉发酵时间长，含盐量高，所以，吃起来咸咸的，可以直接用来当调料。

● 变身豆豉，更有营养

大豆是个好东西，发酵的大豆就更好了。

跟大豆相比，豆豉“身价”提升了，有更高的营养价值和保健价值，具有抗氧化、降血糖、溶血栓等功能，被称为“营养豆”。

例如，大豆中的大豆异黄酮，在抗肿瘤、抗氧化、预防和治疗老年人毛细血管脆弱等方面有重要作用。变成豆豉后，不仅其含量有些许增加，还更利于人体吸收。

表现最突出的是维生素 B_1 和维生素 B_2 的含量大大提升。

我们吃大豆时，有时会觉得容易胀气，这是因为大豆中的胰蛋白酶抑制剂影响了人体对大豆蛋白质的消化吸收和利用。而豆豉在发酵过程中，胰蛋白酶抑制剂受到破坏，我们食用时不会有腹胀感。

而且，发酵过程产生的低聚糖可以让肠道中双歧杆菌的量大量增加，改善肠道健康。

● 药用豆豉跟炒菜的不一样

豆豉除了用于烹饪，还可以用来有治病。

李时珍在《本草纲目》中对它的功效记载较为详细：“黑豆性平，作豉则温，既蒸署，故能升能散。得葱则发汗，得盐则能吐，得酒则治风，得蒜则止血，炒熟则又能止汗，亦麻黄根节之义也。”

上文的意思是豆豉可以开胃消食、祛风散寒、治疗水土不服。

发酵过程中产生的豆豉链激酶，有溶解血栓的功能，能有效地预防脑血栓，对改善大脑的血流量和防治老年性痴呆都有效果。

既然豆豉这么好，我们每天吃一把吧！

这可不行。为什么？

因为，豆豉根据口味分为淡豆豉和咸豆豉，一般入药的是淡豆豉，而咸豆豉我们都当作调味品来用。你听说过吃调味品防病的吗？

● 用了豆豉，炒菜就要少放盐

咸豆豉中钠的含量较高，每100克豆豉里平均含钠14克，1茶勺豆豉含盐2~3克。

因此，不可以没事吃两颗来防病，用豆豉做菜时也不需要再另外加盐了。

豆豉用于不同的烹饪方法，各有特色，可以直接食用，如拌上香油等佐料做小菜；用豆豉炒菜，香味十足；蒸豆豉，口味特别鲜；还可调制成豉汁，用于给菜肴调味。

煮妇聊天室

话题：豆浆怎么做才能更爽滑？

LILY

用豆浆机打豆浆，要加点什么才能喝起来更爽滑啊？

小燕

加花生！亲测成功！加燕麦片也很不错哦。

没错！还可以加点大米，不仅口感顺滑，还能盖掉一些豆腥味。

健康煮妇

宝妈

我家是加小米，喝完唇齿留香！

加山药或者山药粉也能让豆浆变得顺滑。

健康煮妇

LILY

哇，原来你们每家都有秘诀呀！

另外，给你提个醒，记得多过滤几次，去掉豆渣也会顺滑很多。

健康煮妇

LILY

哈哈，收益良多呀！明早就试试看！

腐乳，堪称“中国奶酪”

腐乳，亦称豆腐乳，因其风味独特、品质细腻、营养丰富，富含蛋白质和钙，易于消化吸收，故而又有“中国奶酪”之称，深受广大消费者的喜爱。

我国腐乳种类繁多，通常按照产品的色泽风味分为红腐乳、白腐乳、青腐乳、酱腐乳和各种花色腐乳，其中，又以红、白两种腐乳最为常见，而青腐乳就是常说的臭豆腐。

● 素食者宜吃豆腐

由大豆制成豆腐，再经过微生物的发酵后，腐乳中蛋白质的消化吸收率就变得更高，维生素含量也更丰富，而且还脂香浓郁，滋味鲜美，可以增进食欲，帮助消化。微生物分解了大豆中的植酸，使得所含的铁、锌等矿物质更容易被人体吸收。由于微生物合成了一般植物性食物中没有的维生素 B_{12}，尤其适合素食之人食用，可以预防发生恶性贫血，而老年人经常吃些腐乳，可降低老年痴呆症发生的风险。

腐乳能降胆固醇

腐乳中含有很多具有保健功能的成分，如大豆异黄酮。它具有类似女性雌激素的作用，发挥预防骨质疏松、乳腺癌、前列腺癌等的功效。而且，大豆经过发酵后，大豆异黄酮的活性还会增强。

大豆中的苦味和涩味由大豆皂苷产生。它天然存在于大豆中，经过发酵后（如豆腐）几乎没有发生变化；同时，大豆中所含的大量蛋白质经过发酵，也被分解成小分子的大豆多肽。研究表明，大豆多肽和大豆皂苷都具有降低胆固醇、降血压、抗氧化的作用，尤其是腐乳，其降低胆固醇的作用已经得到证实。

蒸出腐乳的健康

有些人喜欢购买散装的腐乳，并且直接放到餐桌上食用，这是不科学的。我们在食用散装腐乳前，最好蒸 15 分钟或作为烹饪调料来食用，这样，其所含的病原微生物就会因加热而死亡，盐基氮和硫化氢也基本挥发掉，而腐乳的味道却仍能保存。如果在蒸之前，能滴入几滴芝麻油，蒸后的腐乳香味将会更浓、更醇。

不必担心防腐剂

腐乳中含有较高浓度的盐和乙醇，这本身可以起到防腐的作用。但在生产过程中，厂家会添加少量的防腐剂。不过大家不必太担心，国家对防腐剂的添加是有严格限制的。而且，我们吃腐乳又不可能像吃豆腐那么多，只要食用适量（正常人每天食用一两块就好），对身体的危害较小。

Tips：谁要少吃，谁不宜吃

腐乳中含盐量较高，对于高血压病、心血管疾病、肾病、消化性溃疡病患者，最好还是少食，尤其不要和咸菜一起大量食用。此外，腐乳中含有大量嘌呤，高尿酸及痛风患者也不宜食用。

胃酸过多，宜喝苏打水

对于胃酸过多的人，苏打水比较适宜食用，购买时要看清碳酸氢钠字样。苏打水是指含碳酸氢钠（小苏打）的水，pH 呈弱碱性。欧美人家中常备苏打水，近几年，在我国也开始流行了，市面上能见到许多苏打水饮品。可是，苏打水人人都适合喝吗？

● 尤其适合胃酸多、痛风者

苏打水呈弱碱性，对于胃酸分泌过多（常有反酸、胃灼热感）的人，很适合喝苏打水。苏打水中的碳酸氢钠能中和胃酸，缓解消化不良的效果。

苏打水还能促进尿酸排泄，有防治高尿酸血症或痛风的作用，所以，这类人群也很适合喝苏打水。

痛风或高尿酸血症患者需要限制高嘌呤食物摄入，如啤酒、海鲜、肉汤等，同时，碱化尿液，促进尿酸排泄也很重要，喝苏打水可以起到碱化尿液的作用。普通人吃了大量高嘌呤的食物后，也可以喝些苏打水，能促进体内尿酸的排出，预防痛风。

但是，胃酸分泌过少的胃病患者，就不要大量饮用苏打水了，否则会加重胃酸缺乏，还会造成维生素缺乏。

另外，苏打水含有较多的钠，高血压患者最好不要喝苏打水，或者喝苏打水的同时，注意减少食盐的摄入量。

● 带气的水，不一定是苏打水

刚开始喝苏打水，并不能接受它略苦涩的口味，所以，不少商家都对其进行改良。一般易拉罐装苏打水产品要压入二氧化碳（即碳酸气），有的还添加甜味剂和香料制成各种口味的“汽水”。

苏打水的作用主要归功于其含有的碳酸氢钠。不是所有带气的都是苏打水，要小心辨别。

有些只是把二氧化碳压入经过纯化的饮用水，并添加甜味剂和香料，本身不含小苏打，但也常自称“苏打水”。但实际上，它们只属于普通的非碱性碳酸饮料，这不是真正的苏打水。

还有一些饮水机，也会把二氧化碳直接压入饮用水中，制成冒着气泡的“苏打水”，也不是真正的苏打水。

因此，在买苏打水产品的时候，要注意看配料表中是否有“碳酸氢钠”字样。

● 别听信“碱性水改变体质”

近年来，弱碱性水被宣传得很热，很多老百姓受所谓的“碱性食物可以改变酸性体质”这一说法的影响，经常购买苏打水来喝。多吃碱性食物、多喝碱性水几乎成了老百姓的又一个“膳食指南”。

首先，酸碱体质说本身就是谬论，是伪科学，靠饮食来改变体质更是无稽之谈。人体是个神奇的系统，正常人体的血液 pH 在 7.35~7.45。当进食酸性或碱性食物的时候，人体血液 pH 仍然维持在正常范围内。在无严重肝、肾疾病的情况下，不管喝什么水或吃什么食物，都不能改变身体的酸碱平衡状态。

因此，用食物或者水来改变体质的说法极不靠谱。

厨房有紫苏，小病小痛舒

说到紫苏，很多家庭主妇都知道，这是一种紫色的有着浓郁香味的佐料。其实，紫苏也是一味很好的中药，为名医华佗所发现。

相传，华佗有一次在采药时，见到一只小水獭吞吃了一条鱼，肚子撑得像鼓一样，显得很难受。后来，它爬到岸上吃了些紫色的草叶，不久便没事了。华佗若有所思。采完药后，华佗巧遇一群年轻人正在比赛吃螃蟹，其中，有比赛者大喊肚子痛。华佗想起白天见到的那种紫色草，于是，带人去采摘，立即煎汤给几个年轻人服下。过了一会儿，年轻人的肚子果然不痛了。

后来的中医药研究陆续发现，紫苏具有发表散寒、行气宽中、安胎等作用。

古时吃生鱼片，每个鱼片下都衬一片紫苏叶，这种方法后来还流传到日本，沿袭至今。著名中成药“藿香正气水”中，有一个重要成分是紫苏油。

厨房里备点紫苏，在做鱼蟹的时候，能增添特别的香味。倘若吃了鱼蟹等产生不适，可以用紫苏 30 克煎汤内服，并且注意不能久煎。

家人倘若受寒轻微感冒，也可以取紫苏，另加几片生姜，煎水内服用以驱散风寒。由于紫苏具有行气的作用，可治疗气滞胎动不安，孕妇如果感觉气闷胎动不安，也可以用紫苏，用以行气安胎。

紫苏是一种非常好养的植物，在阳台上用小盆种一点，可随时摘取使用。

麻椒还是“麻醉药”？

提起川菜，人们第一印象就是麻辣不分家。四川、重庆人嗜辣是有名的，而且跟其他地区不同，吃着吃着川味，嘴会渐渐变得麻木，感觉不出辣了。这都是麻椒的功劳。

麻椒是花椒的一种，是贵州、四川特产的一种花椒。它具有特殊的香气和持久的麻味，是一种绝佳的调味品。

麻椒颜色浅，成熟后为深绿色，风干后偏棕黄色。而常见的花椒颜色重，偏棕红色。通过颜色，就可以把麻椒和花椒区分开了。

在口味上，麻椒以麻为主，独特的麻味持续时间长，但是不香。而花椒香味浓烈，但不是很麻。

麻椒具有芳香健胃、温中散寒、除湿止痛、杀虫解毒、止痒解腥的功效。

与此同时，麻椒还是一种天然的“麻醉药”，身体出现一些小疼痛，用麻椒可以止痛。

例如，在吃东西的时候突然磕到牙了，牙齿疼痛不止，含一颗麻椒在牙齿疼痛的地方，可以暂时止痛。呕吐或肚子痛的时候，吃一些麻椒也可以缓解疼痛。

不仅如此，麻椒的刺激性气味还可以去除寄生虫、鱼腥味；它的芳香还可以促进胃液分泌来增加食欲。所以，食欲不振的时候，不妨约上朋友到川菜馆大吃一顿。

PART 7

安全下厨

——厨房有爱，远离伤害

端锅颠勺，肩膀吃不消

谢霆锋一向很拼，在拼成“厨神”的途中，手臂先扛不住了。

新闻报道称，他曾患“肱二头肌长头肌腱炎”。这个专业又拗口的名字，到底是个什么病？

肩周炎的范围很广，包括肩关节周围肌肉、关节出现的病变等。谢霆锋得的“肱二头肌长头肌腱炎”，就是肩周炎最常见的一种。

● 端锅颠勺，肩部吃不消

肩周炎被称作“五十肩”，是老年病，怎么会出现在正值青壮年的谢霆锋身上？

肩周炎其实由磨损造成。一是由于年龄增长，肌肉、肌腱、关节等部位工作年头长了，功能退化了；二是生活中，经常用到这些部位，引起频繁磨损，如常打羽毛球、常健身、常做家务。

谢霆锋当了厨师后，要经常做饭、端锅、颠勺，长期重复这样的动作，会让肩部周围肌肉、关节过度操劳。

● 从微微痛到严重痛

痛，是肩周炎的一大特点，并且手臂活动也会受限制。

胳膊一动就痛，不动不痛或稍痛，梳头、穿衣、提物、抬手，甚至洗脸刷牙都有困难。发作严重时会疼痛难忍，彻夜难眠。

肩周炎的疼痛感是逐步加重的，刚开始轻微疼痛，活动失灵，如不及时治疗，拖延太久可使关节粘连，患侧上肢变细，无力甚至会肌肉萎缩。

新闻中，谢霆锋的经纪人透露，谢霆锋需要每天吃一两排的止痛药。其实，止痛药不能这么吃，常规用药是每天 3 次，每次 1 片。

● 刮痧能缓解疼痛，但肩周炎更靠养

除了吃药，谢霆锋还做了刮痧那一道道红印，看着触目惊心。但刮痧只是一种辅助治疗办法，目的是促进血液循环，缓解症状，但没有特效。

最立竿见影的办法是打封闭针。有的运动员旧伤复发，但又不得不进行比赛，就可以在赛前打封闭针，迅速止痛，恢复手臂活动。

不管哪一种疗法，目的多是缓解症状，休息才是最关键的。

肩周炎恢复时间很长，但只要避开剧烈运动，不要频繁采取患病前的动作、姿势，结合适当的功能锻炼，好好休养一段时间，一般都会好转。

Tips：几个利于恢复的动作

1. 打打太极

太极的云手有附身旋转的动作，这就是一个很好的恢复动作。如果有类似的体操动作也可以，但要做得轻柔些。

2. 练练“爬墙”

这里指的是患侧手臂尽量往上伸展到最高处，然后再爬下来回到和肩膀平齐的高度，能锻炼肩部肌肉，有效防止肌肉粘连。

要忍痛爬，如果实在痛得受不了，就把手臂放下，每天比之前爬高一点即可。慢慢地，手臂就可以举起来了。

3. 慢慢游泳

游泳是个非常好的运动，特别是蛙泳。但要慢慢游，不要拼强度。

被海鲜刺伤，伤口红肿别耽搁

下厨之人要警惕一种伤害——海鲜刺伤。并非唬人，曾有新闻报道，一位老伯杀螃蟹时，右手虎口不慎被蟹钳钳伤，导致伤口被食肉菌感染，患上了坏死性筋膜炎，几天后不治身亡。

老伯的伤口不大，家人就未处理伤口。然而，老伯身体状况逐渐恶化，不但手背发红肿胀且发黑，还出现了腹泻、腹痛等症状。短短3天，病情迅速发展，被送到医院时已休克，并发生心、肺、肾脏、肝脏等多脏器功能损害，最后因病情过重不治。

上了灶台，被蟹钳伤、被虾刺伤、被鱼咬伤、被贝壳割伤，都是寻常事。拿水冲一冲、拿止血贴包一包不就啥事没有了吗？何以引来夺命之祸？

● 海鲜好吃，食肉菌潜伏

食肉菌，指会引起“坏死性筋膜炎”的一些混合病菌，如化脓链球菌、创伤弧菌、葡萄球菌、大肠杆菌、肺炎克雷伯菌等。

海鲜中，最常见的是创伤弧菌。这种生活在海洋里的细菌，多漂浮在海水中或附着在海鱼、海虾、牡蛎、螃蟹等海洋生物上。被海鲜弄伤或生吃海鲜，致病菌就可能污染伤口，导致感染。

皮肤受伤后有破伤风的风险，很多人知道。但论杀伤力，就都比不上这种“海洋弧菌”了——感染该细菌的患者，轻则截肢，重则丢掉生命。

海洋弧菌通过创口感染人体后，可引起严重的创口感染，导致重度坏疽；细菌还会进入血循环，引发全身急性感染，即败血症。而且，病情进展特别快，通常发病24~48小时会出现下肢肿痛、溃烂、休克等，常导致多脏器功能不全。如不及时正确抢救，70%以上的患者会因多脏器功能衰竭而死亡。

● 伤口红肿，不能不管

值得庆幸的是，创伤弧菌感染不常见。平时被海鲜刺伤，感染上创伤弧菌的概率不大。不过一旦感染，后果太严重了，可不能大意。

身上有创口时，尽量避免直接接触海鲜，也别到海里游泳。

被蟹钳、鱼鳍刺伤后所形成的伤口往往比较深、比较窄。如果出现红肿，有肢体肿胀、疼痛，或出现发烧等现象，一定要立即去医院及时治疗。因为创伤弧菌可以从很小的伤口进入人体。

当然，发现了感染，也不要惊慌。只要早期来医院就诊，抢救成功率在70%以上。

创伤弧菌也能因人们生吃海鲜而感染人体，建议将水产品煮熟食用，尤其是甲壳类（虾蟹等）、贝壳类。

Tips：易感人群有哪些

慢性肝病，尤其是酒精性肝病患者、慢性肝炎、肝硬化患者，或者经常喝酒，有肾功能不全、糖尿病、血液病等患者，为食肉菌易感染人群，平时要提高警惕。

煮妇聊天室

话题：切辣椒时辣到手，怎么办?

宝妈

切辣椒时总辣到手，火辣辣地痛！有办法可以缓解吗?

LILY

同问！我用冷水冲了半天也没用……

健康煮妇

辣椒碱不溶于冷水，用冷水冲泡是没用的哦。可以用棉球蘸酒精单向擦手，再用清水冲洗，反复几次！

小燕

还可以用少量食醋洗手，中和辣椒碱。

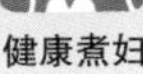

健康煮妇

酒精和醋都没有，也可以用热水洗手，加速辣椒碱的蒸发。

小燕

用干面粉搓一会儿再洗，效果更好。

健康煮妇

其实这个问题完全可以避免，切辣椒时戴个橡胶手套就好了呀！

宝妈

……对啊！我怎么这么笨！呜呜！

油锅冒火，怎么办

油锅冒火，可别慌了神！唾手可得的厨房用品就能灭火。

首先，是锅盖——迅速用锅盖盖住锅。

隔绝覆盖，火会因缺氧而熄灭。注意不要垂直向下盖，否则火容易从侧面喷出灼伤手。应从侧面向前盖，而且要等温度降下来后再揭开。

其次，是湿布——大块湿抹布、湿毛巾盖到起火的油锅上。

再次，是蔬菜——如果厨房刚好有切好的蔬菜或生冷食物，赶紧拿起来，沿着锅的边缘倒入锅内。这能使锅里的油温迅速下降。油品达不到自燃点时，火就会自动熄灭。

当然，如果能把燃气阀门关掉，而后再灭火，效果会更好。

还有一招看似惊险，实际有用，那就是“火上浇油”。

往油锅里继续加大量的油来灭火，原理是将油锅温度降低到油品的自燃点以下，与放蔬菜和生冷食物的方法是一个道理，确有一定的可行性。但要注意了，若万不得已、非要火上浇油，注意要沿油锅边缘缓慢倒入。

往油锅里加水，就万万不可。

由于水比油重，会沉入锅底，起不到隔绝空气的效果，且水可能导致油花飞溅，更容易扩大着火面积。

燃气管、燃气罐起火，拔腿就跑？

灭火指南：火焰小，关闭阀门，拖到空旷处；火焰大，立即报警、逃生。

如果燃气的管线、灶具起火，可以关闭燃气罐阀门。但是，如果是燃气罐本体起火，就非常危险。

罐体本身起火，肯定存在泄漏。此时，燃气罐存在一定压力，必然形成喷射火焰，普通家庭很难扑救。

即使用灭火器等将火扑灭，燃气罐也仍在泄漏，普通人没有办法进行阻止。此时，如果燃气的起火能量很低，那么，电火花、火星甚至静电都可以引燃燃气。因此，稍有不慎就可能发生二次燃烧，甚至爆炸。

那么，是不是一旦发现燃气罐燃烧，应该拔腿就跑呢？

如果燃气罐火焰很小，可快速关闭阀门，将燃气罐拖至室外空旷处，并报警请求处置。

如火焰较大，应立即报警，并第一时间通知家人、邻居疏散逃生，而后别忘了关闭室内电源，在安全的前提下开展自救。

理论上，稳定燃烧的、单个液化石油气钢瓶一般不发生爆炸，如果发生爆炸，也主要是罐体受热导致内部压力过高引起的物理爆炸。但是，一般家庭的液化石油气钢瓶不可能单独放置，周边必然存放大量可燃物，可迅速导致火灾扩大，因此，也不排除爆炸的可能。

“主妇手”，洗出来的

“主妇手”，医学上称为“掌角皮症”，是指家庭主妇这一类人平时双手接触太多的肥皂、香皂、洗手液、洗洁精之类的洗涤剂，或长期接触化工试剂等引起的皮肤病。也有人称之为“皲裂性湿疹”。常表现为手指指腹面和掌心皮肤干燥、脱皮，受损皮肤常有碎玻璃样浅表裂纹。

皮肤角质层具有锁水、减少水分蒸发的作用。由于“主妇手”的浅表皮肤总是剥脱，露出淡红色深层皮肤，因此，导致娇嫩的深部皮肤水分蒸发加快，角化变硬，有的患者更不时有疼痛、紧绷的感觉，甚至出现指端变细、活动受限的现象。尤其是秋冬季节，天气干燥，水分更容易蒸发，故症状越发加重。

做了这么多年家务，年轻时双手没事，可近两年，一到秋天，手便开始干燥脱皮，这又是怎么回事呢？有些“婆婆”级别的主妇会问。

变化估计与甲状腺素的减少、雌激素水平的降低有关。因此，不少更年期或快到更年期的妇女容易出现这个问题。

有些男的，整天坐在办公室，十指不沾阳春水，是不是就不会得这个病？

男性得“主妇手”的情况确实比较少见，如果有，也常与遗传有关，可能他本身就有毛周角化病、鱼鳞病等先天性角化性疾病，或有遗传易感性背景。

要治愈“主妇手”，平时避免接触洗涤剂，尽量少接触水，否则，后面的治疗都是空谈。因为一旦出现了皮肤症状，表皮实质上已经受损，深层皮肤暴露，这时皮肤组织中的含水成分与外界的水溶液存在渗透压，皮肤依然容易脱水，加重病情。

另外，可配合能增强皮肤水合功能、促进皮肤修复的外用药物，如鱼肝油软膏、尿素软膏等。但这些只适于症状轻的患者。如手部干燥、皲裂严重的，则要配合口服用药，如维生素 A、维生素 D、维生素 E 等。病情顽固的，还要口服维 A 酸类药物，同时，考虑补充适量相关激素，如雌激素等。

不管采用哪种治疗方法，患者都需要有足够的耐心。因为，一方面，这个病容易复发；另一方面，有些患者治疗起效慢，必须坚持治疗，不能见好就收，否则前功尽弃。而病情顽固的患者更应在医生指导下坚持口服与外用药物，皮疹消退后还要坚持外敷药物一段时间，以减少复发机会。

山药过敏，烤烤火

山药是家中常备的食材，不仅因为它味道鲜美，容易消化，更因为它具有健脾益肺的保健作用。

说起来，山药样样好，唯独一样比较招人烦，就是给生山药削皮时，很容易出现过敏现象，表现为皮肤发痒，严重的甚至出现红肿、刺痛症状。

这在医学上属于接触性皮炎。导致接触性皮炎发生的“元凶”是山药皮中的皂角素，或黏液里的植物碱。不过，并不是所有人在接触生山药时，都会有这种反应。因此，这种反应可能是一种过敏反应。

削生山药时，如果皮肤发痒，切莫随手抓痒，否则，山药黏液会沾染更多的皮肤，瘙痒的范围反而会扩大。最好先放下山药，用肥皂把手上残留的山药黏液清洗干净，然后点着煤气炉，开到最小火，把手放在火上烤一下。要反复翻动手掌，让手部均匀受热，这样能有效分解渗入手部的皂角素和植物碱，以消除过敏原。烤火时，要注意安全，不要烧伤皮肤。

如果家里没有明火也可以用醋。具体措施是，把米醋均匀地抹在瘙痒的皮肤上（别漏了指甲缝）。抹醋后不久，手臂的瘙痒感就会渐渐消失。

接触生山药而出现手痒症状的人，以后应尽量避免直接接触生山药。尤其是在冬天，如果皮肤干燥，有皲裂或破损时，接触生山药还容易出现皮肤明显刺痛。

给生山药削皮时，最好先戴上手套，或在手上套个袋子。

当然，也可以准备一锅开水，把山药洗净后，直接丢入水中烫煮一下，把山药皮烫熟了，破坏其中导致瘙痒的物质后再削皮。

这山药弄得我的手好痒啊，怎么办啊？
你怎么不戴个手套削啊！
犹豫……
1

赶时间回来和妞妞玩，忘记买手套了……
削山药手痒怎么办？
搜 索
别担心，我用手机查查对策。
2

有网友说，用肥皂洗手后再烤烤火就能好！
哦。
3

又有网友说，往手上擦白醋也管用！
哦。
醋
4

还有网友说，先用开水烫一烫山药再削也不会痒！
奸笑！
别查了，我想到一个更好的办法了！
5

办法就是……给你削！妞妞等着我一起去玩呢。
果然是亲妈无误！
嘿嘿！
惊！
6

烫伤了，先冲水

人在厨房，烫伤在所难免。

抹酱油？ No！

烫伤发生时，正确的做法是：第一时间用大量清水清洗或浸泡创面。

这样做的目的是要带走热量，减轻对皮肤细胞的破坏，尽最大可能挽救损伤的细胞，减轻烫伤的深度。冲洗时间应足够长，直至痛感消失，通常需要 20~30 分钟。

此外，还要注意妥善保护好创面，不要挑破伤处的水泡，更不要在伤处乱涂乱抹一些药水、药膏，甚至是牙膏、酱油等。

那些有颜色的药物及厚层油质，不仅对创面没治疗作用，还会影响医生对创面深度的判断，甚至会加深创面，导致创面感染，进一步治疗时难度加大，愈后的疤痕也会更加明显。有人认为牙膏具有收敛功效，对较轻烫伤有一定作用。但实际上，牙膏并不能改变血管的通透性，也不能保护伤口；相反，却很容易使渗出液积聚，滋生细菌，反而易使患处发生感染。

另外，要注意的是，如果烫伤严重，渗液比较多，粘连了衣物，不要强行脱衣，以免皮肤大片撕脱。一定要在伤口冷却后再仔细剪开或小心脱去衣物。必要时，应尽快就医。

哇啊！
怎么了？！
惊！
1

妈，你没事吧？
没事，不小心滴了些水到热油锅里，油锅炸开来烫到了……
2

哎，得赶紧抹点酱油……
等等！把酱油放下！
酱油
生气！
3

酱油对烫伤一点作用都没有，必须第一时间冲凉水，这样，至少冲20分钟！
20分钟？太久了吧……
烦！
4

5分钟后……
还是抹点牙膏好了，谁要冲20分钟水啊！
妈！牙膏也不管用的！
啧！
超级生气！
5

妞妞，去！跟姥姥一起玩15分钟水！
可恶！真懂我的弱点！
姥姥，我来了！
哼哼！
6

切到手指头了，别慌

● 只是破点皮，出血少

如果一不小心切到手，先别慌，不同伤口有不同的应对办法。

伤口长度小于 0.5 厘米，且伤口不深，可用压迫止血法。

直接压住伤口，用清水冲洗，最好用棉签消毒，再用止血贴或纱布、绷带等进行包扎。一般几天就能痊愈。

● 伤口深，出血多

如果伤口很大且深，出血多，最好到正规医院进行缝合处理，有助于止血和伤口愈合。在到达医院前，也要采取压迫止血法。直接压住伤口或压住手指根部位置，以阻断血流来源。

● 切掉块肉

若切掉的肉块在 1 厘米以内，做好以上的止血处理，然后把被切的组织一起带到医院进行缝合，一般愈合良好。

若缺损大于 1 厘米，建议进行植皮或者皮瓣手术，愈后效果好。

● 切断手指

切断了手指要第一时间给创口止血，用手指压住受伤手指根部，或用清洁的敷料进行加压包扎。之后，要尽快找到断指，妥善保存，立即去医院。

切断的手指要干燥冷藏。简单冲洗一下后，用清洁的纱布擦干包起来，放进防水的密封胶袋（如保鲜袋）里。可用冰块降温保存，但冰块不要直接接触断指。

禁止将断指泡在水中或消毒液中。消毒液会对组织造成伤害，泡在水里会使断指体水肿，影响再植。

断指再植成功率在 90% 以上，6 个小时内能完成再植手术的效果尤佳。如果断指保存得好，稍迟些手术，一般也能再植成功。可如果断指经过高温、浸泡、污染等，会严重影响手术效果。